鄂尔多斯盆地
晚古生代—中生代沉积学分析

密文天　匡永生　籍进柱　著

北　京
冶金工业出版社
2022

内 容 提 要

本书基于对鄂尔多斯盆地的研究认识与积累，从古生物学与地层学、沉积学及岩相古地理、构造地质学、地球化学及同位素年代学等视角，对该盆地内部及周缘地区进行多区域、多角度的研究，对盆地内形成的能源矿产的沉积地质背景进行了专门分析，并从沉积特征、古地理、古生态及古气候方面探讨了该盆地在晚古生代—中生代的演化，这些成果对推动鄂尔多斯盆地的基础研究与能源勘探具有重要意义。

本书可供沉积学、地质学及其他地球科学的研究人员及相关院校师生阅读。

图书在版编目 (CIP) 数据

鄂尔多斯盆地晚古生代—中生代沉积学分析/密文天,匡永生,籍进柱著. —北京：冶金工业出版社，2022.10

ISBN 978-7-5024-9297-7

Ⅰ.①鄂… Ⅱ.①密… ②匡… ③籍… Ⅲ.①鄂尔多斯盆地—晚古生代—沉积学 ②鄂尔多斯盆地—中生代—沉积学 Ⅳ.①P588.2

中国版本图书馆 CIP 数据核字（2022）第 183439 号

鄂尔多斯盆地晚古生代—中生代沉积学分析

出版发行	冶金工业出版社	**电　话**	(010)64027926
地　　址	北京市东城区嵩祝院北巷 39 号	**邮　编**	100009
网　　址	www.mip1953.com	**电子信箱**	service@ mip1953.com

责任编辑　郭雅欣　美术编辑　彭子赫　版式设计　郑小利
责任校对　郑　娟　责任印制　禹　蕊
北京建宏印刷有限公司印刷
2022 年 10 月第 1 版，2022 年 10 月第 1 次印刷
710mm×1000mm　1/16；11.25 印张；217 千字；167 页
定价 68.00 元

投稿电话　(010)64027932　投稿信箱　tougao@cnmip.com.cn
营销中心电话　(010)64044283
冶金工业出版社天猫旗舰店　yjgycbs.tmall.com
（本书如有印装质量问题，本社营销中心负责退换）

前　　言

　　沉积盆地完整地记录了板块动力学过程、构造演化、造山作用的方式及时限，沉积格局受古构造背景控制，构造演化控制了沉积相带，沉积相带又控制着油气藏分布。因此，以沉积学的基本原理为基础，深入探讨沉积盆地的大地构造背景、形成条件、成藏条件及其演化史，可以动态刻画大陆动力学过程、古地貌特征、岩石圈演化过程，也可为资源勘查提供重要的线索。

　　鄂尔多斯盆地是发育在华北巨型克拉通之上的多旋回叠合型盆地，是我国形成历史最早、演化时间最长的沉积盆地之一。该盆地包含有周边演化过程中重要的沉积记录，对恢复区域内的古地理特征及讨论盆地构造演化过程，具有重要的地质意义。此外，晚古生代到中生代，该盆地形成了多套含油气层位及含煤地层，具有丰富的能源潜力。鄂尔多斯盆地发育包括三大含油气系统，即下古生界海相碳酸盐岩含气系统、上古生界陆源碎屑岩含气系统、三叠系-侏罗系陆源碎屑岩含油系统，具有上油下气（中生界油、古生界气）、南油北气（盆地南部产油、北部产气）的油气分布格局。在三大含油气系统中均已发现大中型油田、气田，使鄂尔多斯盆地油气探明储量快速增长，已成为我国的重点资源基地。

　　尽管鄂尔多斯盆地的研究已有相当长的历史，但是从盆地形成演化的角度剖析盆地不同范围、不同时期的沉积响应特征、沉积充填过程和沉积物质聚集分布规律仍有待加强，需要进一步刻画各时期的岩相古地理特征，深入认识盆地不同时期、不同范围沉积层序充填的特殊性、差异性及时空分布规律。受构造运动、海平面升降等因素影响，鄂尔多斯盆地沉积体系类型多样，构造格局、沉积格架和相带分布在不同时期的变化发展，以及在空间上的分布、叠置关系和演化使盆地沉积体系演化更加复杂。

本书基于鄂尔多斯盆地的研究成果，介绍并分析了盆地内部及周缘的地层古生物学、沉积学、构造地质学、古地理学、地球化学及地质年代学等研究成果，对沉积盆地涉及的矿产资源进行了专门分析，从沉积特征、古地理、古生态及古气候方面探讨了盆地在晚古生代—中生代的演化与发展，尤其对其沉积学证据进行了论述。这些成果对进一步推动鄂尔多斯盆地的深入研究有重要科学价值。

本书共分为 10 章。第 1 章为鄂尔多斯盆地概论；第 2 章主要阐述了鄂尔多斯盆地东北部石盒子组沉积特征分析；第 3 章主要阐述了鄂尔多斯盆地富县上三叠统长 8 段砂体分布及成因模式；第 4 章主要阐述了鄂尔多斯盆地西南部中侏罗统直罗组储集砂体特征及聚砂成藏模式；第 5 章对盆地北缘太原组物源进行了分析；第 6 章对盆地西缘呼鲁斯太石炭系—二叠系剖面开展了沉积学研究；第 7 章对盆地东北缘准格尔旗石炭系—二叠系剖面开展了沉积学研究；第 8 章对盆地东南缘乡宁—韩城石炭系—二叠系剖面开展了沉积学研究；第 9 章对盆地西缘乌海石炭系—二叠系剖面开展了沉积学研究；第 10 章对盆地东缘柳林石炭系—二叠系沉积学研究。

前言、第 1~5 章由密文天和籍进柱编写，第 6~10 章由匡永生和籍进柱编写，书中所有实测剖面由密文天测制，全书最后由密文天进行统稿、定稿。

　　本书的研究内容得到了甘肃省西部矿产资源重点实验室开放基金（项目号：MRWCGS2019－01）、内蒙古自然科学基金（项目号：2018LH04006、2019LH04002、2020MS04009、2020LH0400、2022Y0083、JY20220243、2022MS04008）、内蒙古教育科学规划课题（项目号：NGJGH2020058）、内蒙古工业大学地质类系列课程优秀教学团队、内蒙古工业大学研究生教改项目（项目号：YJG2020014）及内蒙古工业大学教改项目（项目号：2020115）等的支持。陈安清教授、张成弓教授给予本书作者悉心指导，在此表示衷心感谢。

　　由于作者水平所限，书中不足之处，敬请广大读者指正。

作　者

2022 年 5 月

目　　录

1 鄂尔多斯盆地概况

鄂尔多斯盆地位于华北地区西部，土地辽阔，面积约为 $37×10^4 km^2$，是我国陆上第二大沉积盆地。鄂尔多斯盆地的煤炭、石油、天然气、煤层气等资源丰富，是我国中西部重要的能源盆地，被誉为"中国能源金三角"。

1.1 区域地理位置

鄂尔多斯盆地幅员辽阔，地理位置处于东经 105°~113°，北纬 34°~42°，行政区划跨内蒙古、山西、陕西、宁夏、甘肃五省区，其区域范围主要包括宁夏大部、内蒙古黄河以南鄂尔多斯市、山西西部的吕梁市、陕西西安以北的延安市和榆林市、甘肃陇东的庆阳市和平凉市。从地质学角度看，鄂尔多斯盆地范围广阔，东起吕梁山，西抵贺兰山—六盘山，南起秦岭山坡，北达阴山南麓，其整体形态似圆角长方形[1,2]（见图 1-1）。鄂尔多斯盆地处于我国第二地形阶梯中，其

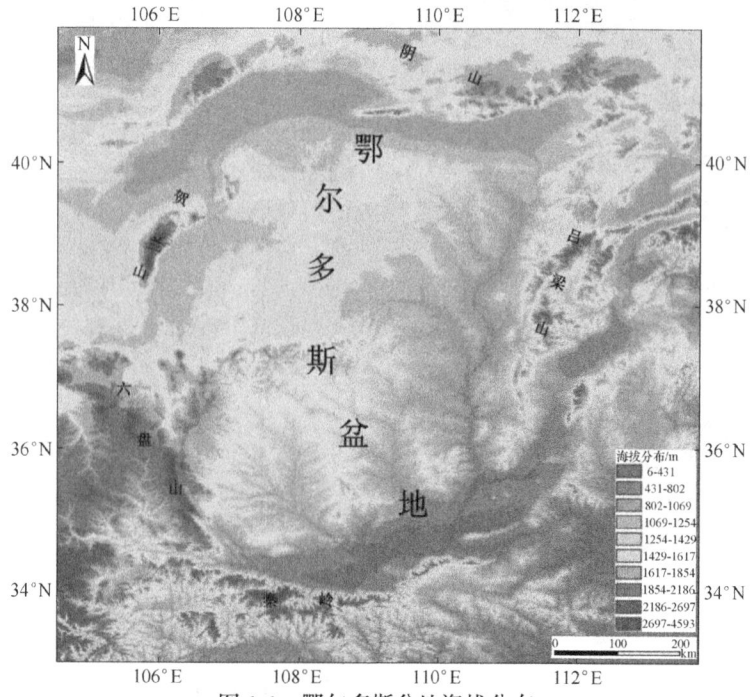

图 1-1 鄂尔多斯盆地海拔分布

（Aster 数字高程数据，分辨率 30m/pixel）

地貌类型主要为黄土高原、沙漠高原、新生代盆地和山地[3]（见图1-2）。黄土高原主要分布在鄂尔多斯盆地南部，位于六盘山和吕梁山之间，是黄土高原的中部主体区域，地势西北高，东南低，自西北向东南呈波状下降，其海拔范围在1000~2000m。沙漠高原主要分布在盆地北部，河套平原以南地区，主要为鄂尔多斯高原，其中著名的毛乌素沙地就位于此处。鄂尔多斯盆地边缘的北、西、南三面分别发育有河套盆地、银川盆地和关中盆地，其中发育的平原主要为河套平原、银川平原和关中平原，河套平原和银川平原的海拔约1600m，而关中平原海拔仅300~600m。山地地貌主要分布在鄂尔多斯盆地的周边山系，其海拔高度在1500~4000m，平均海拔2500m左右。

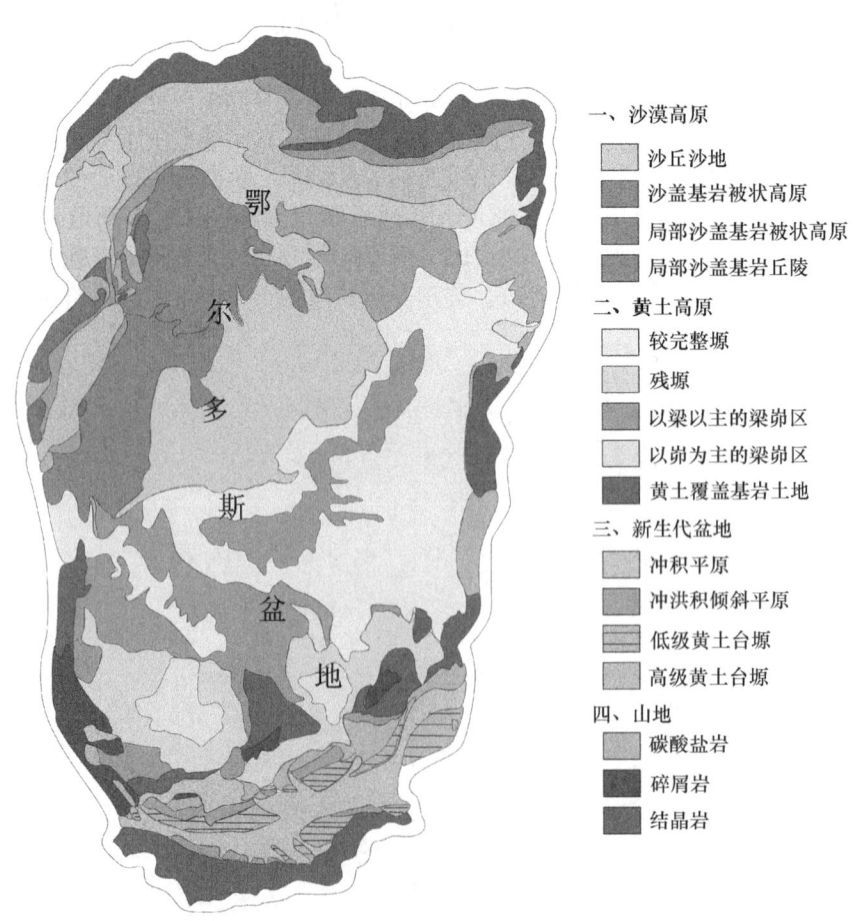

图1-2 鄂尔多斯盆地区域内地貌分布

1.2 构造单元划分及特征

鄂尔多斯盆地在大地构造上属于华北克拉通板块，整体处于中央造山带与兴蒙造山带之间，根据现今盆地的构造，结合盆地的演化历史，其构造格局可将其划分成 6 个构造单元（见图 1-3）[1,2]。

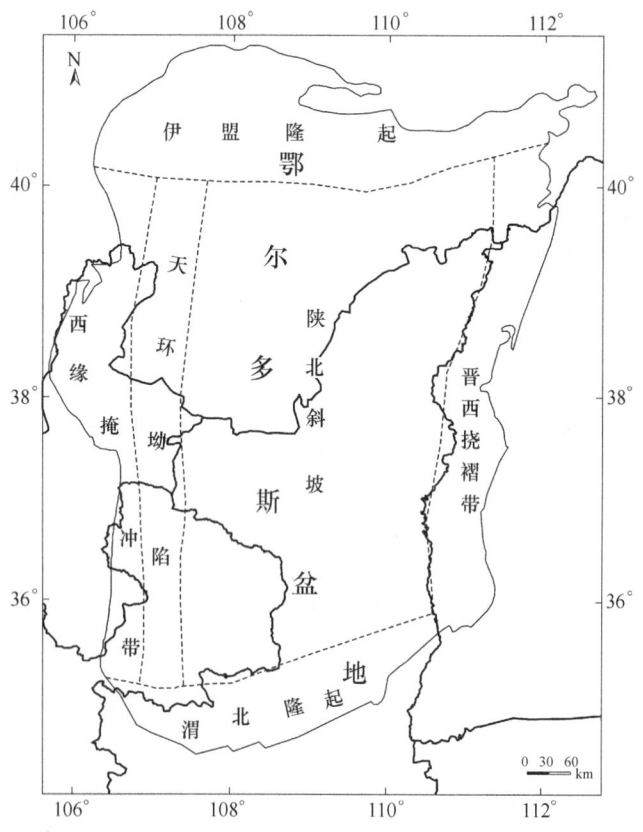

图 1-3 鄂尔多斯盆地构造单元划分

（1）伊盟隆起。自古生代以来一直处于相对隆起状态，各时代地层均向隆起方向变薄或尖灭缺失，隆起顶部是东西走向的乌兰格尔凸起。新生代河套盆地断陷下沉，把阴山与伊盟隆起分开，形成现今伊盟隆起的构造面貌。

（2）晋西挠褶带。在古生代时，该区域为大华北的组成部分，而到中生代时，变成鄂尔多斯盆地的组成部分，长期接受沉积。中生代晚侏罗世被抬升，而成为陕北区域西倾大单斜的组成部分，后期强烈剥蚀使之成为今鄂尔多斯盆地的东部边缘。另外，又受吕梁山隆升和基底断裂活动的影响，形成南北走向的晋西挠褶带。

(3) 陕北斜坡。在晚侏罗世初显雏形，主要形成于早白垩世之后，呈向西倾斜的平缓单斜，平均坡降 1.0m/km，倾角不到 1°。该斜坡占据着盆地中部的广大范围，以发育鼻状构造为主。

(4) 渭北隆起。即渭北挠褶带，中、新元古代到早古生代为一向南倾斜的斜坡，至中石炭世东西两侧相对下沉，西侧沉积羊虎沟组，东侧沉积了本溪组。中生代晚期开始隆起，新生代鄂尔多斯盆地的边部解体，渭河地区断陷下沉，渭北地区进一步翘倾抬升，形成现今构造面貌。

(5) 天环坳陷。在古生代表现为西倾斜坡，晚侏罗世才开始坳陷，早白垩世坳陷断续发展，新生代坳陷结构进一步加强。沉降中心逐渐向东偏移，沉降带具西翼陡东翼缓的不对称向斜结构。

(6) 西缘冲断带。早、晚古生代处于今盆地之西贺兰海的东部，三叠纪中、晚期及中侏罗世属陆相鄂尔多斯盆地西部，晚侏罗世挤压冲断活动强烈，形成南北构造特征不同分区明显的构造变形带断裂与局部构造发育，成排成带分布。早白垩世以来分化解体，新生代晚期，挤压冲断并抬升明显。

1.3　地层划分及特征

鄂尔多斯盆地是一个周边以深大断裂为界，由古生界、中生界和新生界不同岩类构成的具多层地质结构的不对称的大型构造沉积盆地。从老到新，其主要地层（见表 1-1）包括：(1) 太古宇—古元古界结晶基底，以深变质片麻岩、变粒岩、麻粒岩为主；(2) 中—新元古界浅变质碎屑岩—碳酸盐岩过渡基底，以石英砂岩、碳酸盐岩和冰碛岩为主；(3) 古生界—三叠系碳酸盐岩—碎屑岩盖层，基本由碎屑岩组成，仅石炭系存在少量碳酸盐岩；(4) 侏罗系、白垩系陆内坳陷盆地碎屑沉积岩，主要由内陆河湖相碎屑岩组成；(5) 新生界松散红土—黄土堆积组成。目前，鄂尔多斯盆地出露地层主要为第四系和新近系物质，其次为白垩系、侏罗系、二叠系和三叠系的地层（见图 1-4）。鄂尔多斯盆地沉积地层厚度分布不均，其中盆地西部的沉积地层最厚可达 9km，而盆地北部厚度在 1km 左右（见图 1-5）。

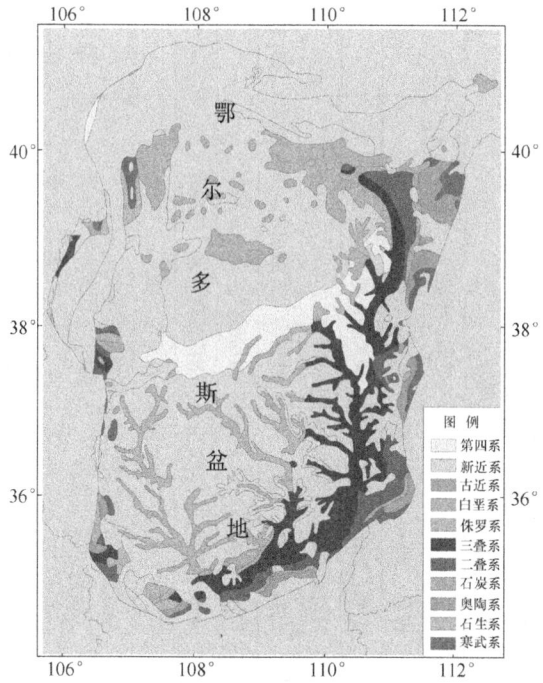

图 1-4 鄂尔多斯盆地地层分布

（图来自油气资源调查中心）

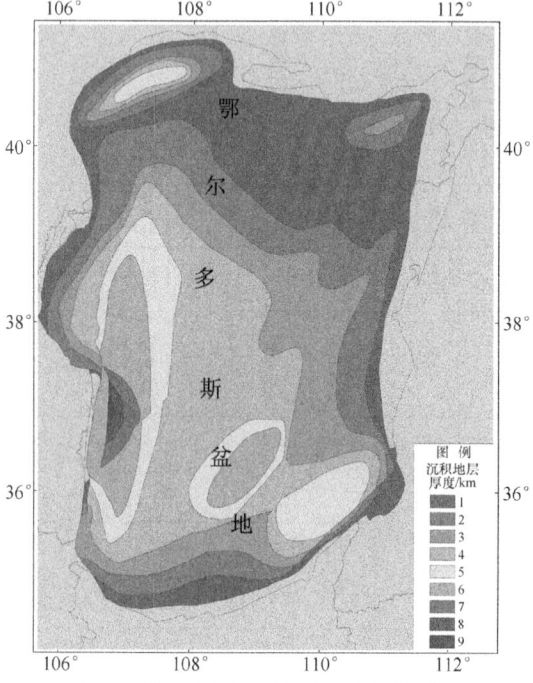

图 1-5 鄂尔多斯盆地沉积地层厚度分布

（图来自油气资源调查中心）

表 1-1 鄂尔多斯盆地地层系统简表

界	系	统	组	符号	厚度/m	地震反射层	主要地壳运动	构造阶段	岩性描述
新生界	第四系	全新统		Q_4	60				黄褐色砂砾质黏土及砾石石层
		上更新统		Q_3	80				黄灰色、土黄色黄土、亚黏土
		中更新统		Q_2	130				灰黄、浅褐色砂质黄土
		下更新统		Q_1	10				浅棕色砂质黏土，底为砂砾岩
	上第三系	上新统		N_2	690			喜马拉雅构造阶段	三趾马红土，土黄色泥质粉砂岩、砂岩
		中新统		N_1	960		喜上运动 II		橙黄、灰绿色泥灰质粉砂岩及粉砂质泥岩
	下第三系	下新统		E_3	700		喜上运动 I		上部为钙质粉砂岩，下部为浅黄色泥质砂岩，砂岩互层
		始新统		E_2	270				砖红色厚层，块状中-细粒砂岩
中生界	下白垩系	志丹组	泾川组	K_1Z_6	120		燕山运动 IV	阿尔卑斯构造阶段	上部桔红、棕黄，灰绿色砂岩为主夹泥灰岩，下部砂质泥岩为主，夹少量泥岩
			罗汉洞组	K_1Z_5	180				中至厚层桔红，土黄色交错层砂岩，夹少量泥岩
			环河组	K_1Z_4	240				黄绿色砂质泥岩与灰白色，暗棕黄色砂岩，粉砂岩互层
			华池组	K_1Z_3	290				灰黄、浅棕色砂岩夹紫，灰绿色泥岩
			洛河组	K_1Z_2	400				桔红色块状交错层砂岩，局部夹粉砂岩
			宜君组	K_1Z_1	50				杂色砾岩层
	侏罗系	上统	芬芳河组	J_3f	1100			燕山构造阶段	棕红、紫灰色块状砾岩，巨砾岩夹砂岩，泥质粉砂岩
		中统	安定组	J_2a	250	T_{16}	燕山运动 III		紫灰色泥岩，顶部为灰岩，底部为灰色细砂岩
			直罗组	J_2z	300	T_{19}	燕山运动 II		灰绿，紫红色泥岩与浅灰色砂岩互层，上部泥岩为主，底部为砂砾岩
		下统	延安组	J_1y	300	T_{110}	燕山运动 I		灰灰、灰黑色砂砾岩与灰色砂岩互层夹多煤，底部为厚层砂岩
			富县组	J_1f	100	T_J	印支运动		深灰、灰黑色泥质砾岩夹紫红色泥岩或灰质泥岩或两者成相变关系

地层年代 界	系	统	组	符号	厚度/m	地震反射层	主要地壳运动	构造阶段	岩性描述
新生界	三叠系	上统	延长组	T_3y_5	200	T_{T1}			瓦窑堡煤系，灰绿色泥岩夹粉细砂岩，炭质页岩及煤层
				T_3y_4	250	T_{T3}			厚层，块状灰绿色中细粒砂岩夹粉砂质泥岩及煤线
				T_3y_3	300	T_{T4} T_{T7}			上部以泥岩，粉砂质泥岩为主，中部细砂岩为主，下部炭质页岩，油页岩发育
				T_3y_2	200	T_{T8}			深灰、灰黑色泥岩及灰色粉砂岩，上部夹块状细砂岩，陕北有油页岩
				T_3y_1	250				肉红色、灰绿色长石砂岩（具"麻斑"构造）夹紫色泥质岩
		中统	纸坊组	T_2Z	500				上部灰绿、棕紫色泥质岩夹砂岩，下部为紫色砂岩，砂砾岩
		下统	和尚沟组	T_1h	120	T_{P2}			棕红、紫红色泥岩为主同色砂岩及含砾砂岩
		下统	刘家沟组	T_2h	380	T_{P4}	海西运动	海西构造阶段	灰紫、灰白色块状斜层理砂岩夹同色泥质岩，砂砾岩
上古生界	二叠系	上统	石千峰组	P_3q	260	T_{P8}			上部为棕红、紫红色灰质结核泥岩夹砂岩，下部为黄绿色块状泥岩，含砾砂岩与泥岩互层
		中统	石盒子组	P_2h	350	T_{C2}			上部灰绿色泥岩夹砂岩，下部为黄绿色砂岩及煤层，砂砾岩
		下统	山西组	P_1s	120	T_C			深灰、黑色泥质岩(页)岩，灰白色中细砂岩夹煤层
		下统	太原组	P_1t	80				深灰，灰色，深灰色砂岩及煤层，底为生物灰岩
	石炭系	上统	本溪组	C_2b	50		加里东运动	加里东构造阶段	灰黑色泥岩夹灰色薄层灰岩及砂岩，底为铁铝岩
下古生界	奥陶系	上统	背锅山组	O_3b	800	T_{O14}			块状灰岩，砾状灰岩及瘤状灰岩
		中统	平凉组	O_2p	1000	T_{O22}			灰绿色泥(页)岩夹深灰色中细砂岩
		下统	马家沟组	O_1m	1000				灰色，黑色泥，深灰色块状灰夹白云岩及灰岩。盆地东部未白云岩夹青岩及盐盐岩

续表 1-1

界	系	统	组	符号	厚度/m	地震反射层	主要地壳运动	构造阶段	岩 性 描 述
下古生界	奥陶系	下统	亮甲山组	O_1l	90	T_0			深灰色块状灰岩及白云质灰岩
			冶里组	O_1y	70				浅灰色硅质灰岩
	寒武系	上统	凤山组	$\in_3f$	60			加里东构造阶段	深灰、浅桔黄色块状白云质竹叶状灰岩
			长山组	$\in_3c$	90				深灰色块状白云质灰岩及竹叶状灰岩
			崮山组	$\in_3g$	270				浅黄、灰色块状泥质灰岩夹白云质灰岩
		中统	张夏组	$\in_2z$	170				深灰色颗粒灰岩、鲕状灰（云）岩夹泥质灰岩薄层
			徐庄组	$\in_2x$	120				暗紫红色色泥（页）岩夹鲕状灰岩及云岩、薄层灰岩
		下统	毛庄组	$\in_2m$	40				暗紫色色泥（页）岩夹深灰色鲕状灰岩及石英砂岩
			馒头组	$\in_1m$	70				浅灰色紫色泥岩、鲕状灰岩及石英砂岩、结晶灰岩
			猴头山组	$\in_1h$	100				浅灰色紫色层状含磷砂岩及磷页岩夹石英晶灰岩
震旦亚界上元古界	震旦系			Zz	180		吕梁运动		紫红、紫灰色色泥（页）岩及灰白色色砾岩夹石英砂岩
	蓟县系			Zj	>1000				灰色、浅棕色厚层状灰白云岩、藻云岩、白云质灰岩、千枚岩
	长城系			Zc	>1000		五台运动		肉红色石英砂岩、绢云母石英片岩、杂色片岩
下元古界	滹沱系			Pt_1h	8000			前震旦系构造阶段	千枚岩、板岩、石英岩及大理岩
	五台系			Pt_1w	8000～16000				绿色片岩
太古界	桑干系			Ar	9000				深变质花岗片麻岩

1.4 盆地资源分布

鄂尔多斯盆地位于中国中西部地区，盆地具有地域面积大、资源潜力大、储量规模大等特点，资源整体上呈"满盆煤、南油北气、周边铀"的分布特征（见图1-6）[4]。天然气、煤炭、煤层气三种资源探明储量均居全国首位。天然气总资源量约11万亿立方米，主要分布富集在下古生界奥陶系碳酸盐岩风化壳储层，上古生界山西组和石子组砂岩储层中。埋深2000m以内的煤炭总资源量约为4万亿吨，分布在石炭系—二叠系太原组和山西组潮坪沼泽相煤系、三叠系延长

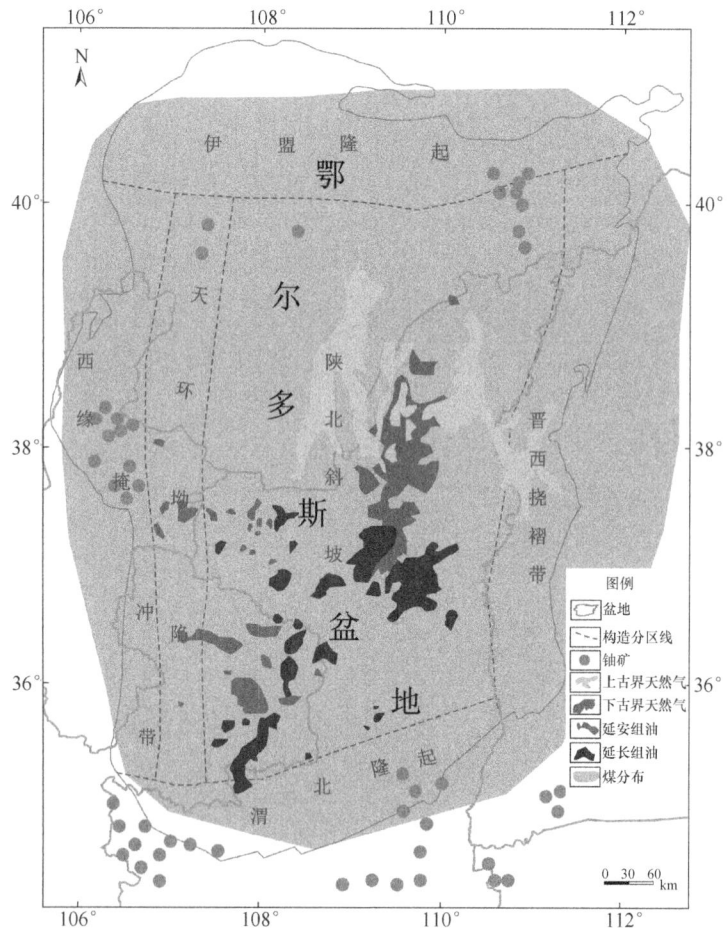

图 1-6 鄂尔多斯盆地主要资源分布

组顶部和侏罗系延安组陆相河流—湖盆沼泽相煤系，而煤层埋深2000m以内煤层

气资源量约 11 万亿立方米。鄂尔多斯盆地内石油总资源量约为 86 亿吨，主要分布在中生界上三叠统延长组和早、中侏罗系富县组和延安组三角洲前缘砂体和河道砂体中，石油资源储量居全国第四位。另外，鄂尔多斯铀矿资源也比较丰富，预测资源量约 86 万吨，主要分布在中侏罗统直罗组和白垩系罗汉洞组河流相砂岩中。

2 鄂尔多斯盆地东北部石盒子组
沉积特征分析

通过沉积学、层序地层学和岩相古地理学的分析方法，对鄂尔多斯盆地东北部地区二叠系上、下石盒子组碎屑岩物源区、层序地层格架和砂体展布规律进行分析。鄂尔多斯盆地东北部地区石盒子组砂岩碎屑颗粒矿物学及石英阴极发光特征显示，其母岩主要为变质岩，这与盆地北部阴山古陆大量出露的太古代变质杂岩相一致；沉积学特征表明，研究区上、下石盒子组均为超长期旋回，下石盒子组包含 5 个长期旋回，而上石盒子组包含 4 个长期旋回，每个长期旋回包含 2 个中期旋回，表现为河流—三角洲沉积环境，新建立的古地理图与砂体的三维模型揭示了在盆地演化历史中浅湖相带和三角洲相带的迁移过程。综合分析认为，二叠纪鄂尔多斯克拉通陆内坳陷盆地东北部主要接受北部相对较高的阴山古陆物源输入，研究区内分别发育东、西部的河流—三角洲系统，鄂尔多斯盆地东北部具有北高南低，相对平坦的缓坡古地貌特征，为探讨该区域能源成藏特征及勘探提供了理论支撑。

鄂尔多斯盆地东北部赋存煤、天然气、铁矿、黏土矿、铝矾矿等许多能源矿产，其中，煤、天然气等开发潜力巨大。对盆地东北部准格尔、榆林等能源富集区开展勘查时发现，在陆内坳陷盆地层序充填过程中，沉积体系分析的内部结构组成、分布规律、垂向上沉积体系的差异及变化规律，有助于解释煤田等能源分布规律并提高开采效率[5-8]。前人对盆地东北部储集砂体的研究表明，该区石盒子组形成于河流—三角洲沉积环境[9-11]，但很少依据基准面旋回特点界定其沉积地层演变规律。本章运用高分辨率层序地层学理论，通过野外调查及岩石学分析，探讨地层层序变化规律；依据钻井岩芯、测井等资料，编制层序格架内的岩相古地理图，并分析砂体的空间展布，以期为能源地质勘探提供新的支撑。

2.1 区域地质概况

鄂尔多斯盆地在大地构造上属于华北板块，整体处于中央造山带与兴蒙造山带之间，贺兰山—六盘山位于盆地的西部，东北部靠近吕梁背斜褶皱断块山地，性质上属于多旋回克拉通叠合盆地[12-15]。鄂尔多斯盆地石盒子组位于盆地东北部，主要位于黄河以南区域，海拔高度 400~1000m，行政区属内蒙古鄂尔多斯市和陕西榆林市（见图 2-1）。在鄂尔多斯盆地东北部，分布有以准格尔、神木、榆林等为代表的晚古生代聚煤区（见图 2-2）。其中，古生代的地层中以马家沟组（O_2m）出露面积最大，为一套早古生代的中厚层灰岩可见波浪状纹层，显示水动力条件较强。晚古生代地层中，本溪组（C_2b）主要由泥岩及泥岩与粉砂岩互层构成；太原组（P_1t）是区内主要含煤地层，除煤层外还包括含炭质砂粉岩、泥岩、页岩、灰岩和砂岩等；山西组（P_1s）是区内次一级含煤地层，该组主要为一套夹有泥岩薄层的砂岩地层；该区还存在中二叠统石盒子组（P_2h），其中下石盒子组首次出现了含砾砂岩，为标志层，同时夹少量粉砂质泥岩；上石盒子组以紫色粉砂质泥岩为主，含少量的硅质团块及砂岩。一般认为，河流相、三角洲相及滨浅湖相是鄂尔多斯晚古生代陆内坳陷盆地北部从北自南的分布的沉积相带[16-20]，显示了逐渐变化的古地理特征。

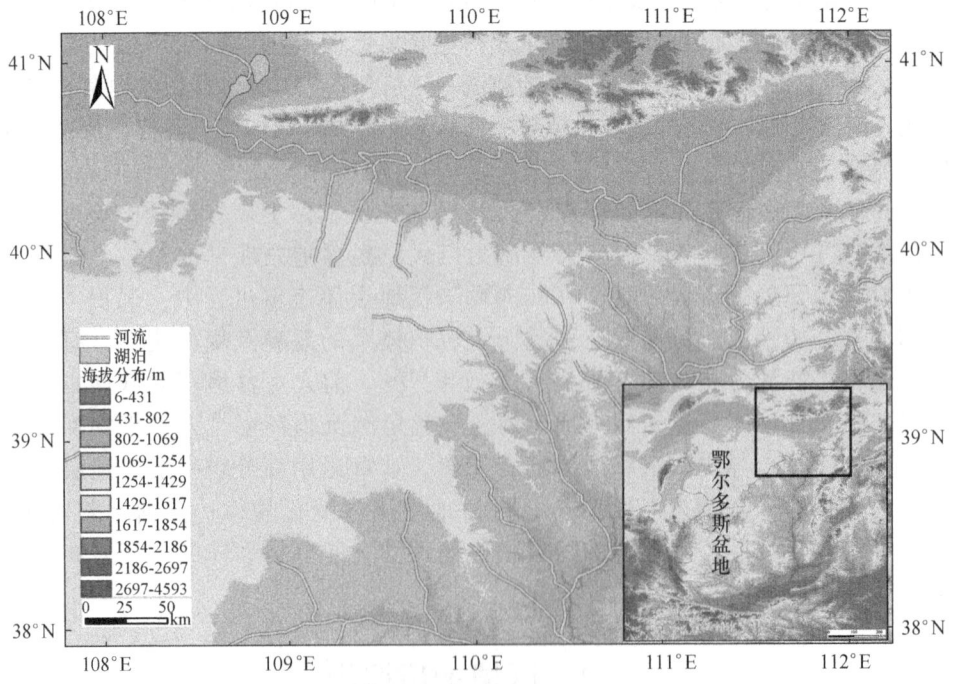

图 2-1   鄂尔多斯盆地东北部海拔分布

（Aster 数字高程数据，分辨率 30m/pixel）

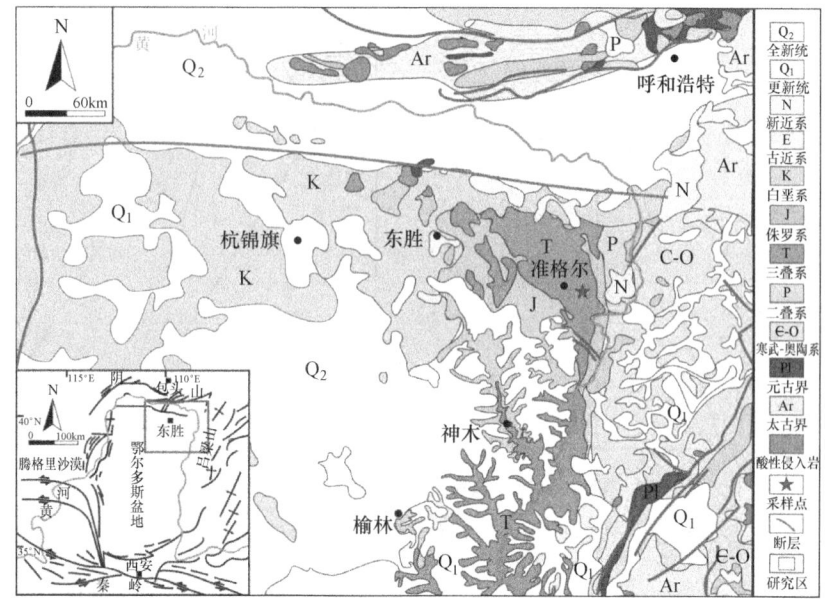

图 2-2　鄂尔多斯盆地东北部区域地质简图

2.2　砂体的岩石学特征

为达到对鄂尔多斯盆地东北部区域砂体的精确控制，先后在鄂尔多斯市准格尔旗、榆林市府谷县、忻州市保德县、吕梁市柳林县及临汾市蒲县、乡宁县等多地进行实地踏勘，采集上千件石盒子组砂岩样品，磨制薄片 988 件。

2.2.1　碎屑组分

根据砂岩分类方案，用 Excel 软件统计 988 个薄片的组分并进行砂岩分类，将收集的鄂尔多斯盆地东北部石盒子组砂岩进行投点，如图 2-3 所示。

研究区下石盒子组下部砂体主要为中-粗粒岩屑砂岩，越往下含砾量越高，在砂体底部则为底砾岩。通过在显微镜下进行组分分析发现（见图 2-4），石英颗粒可见次生加大边，边部参差不齐，呈次圆状或次棱角状，粒径较为一致。在整个沉积层位中，石英颗粒含量自下而上逐渐减少，盒$_{8上}$段、盒$_{8下}$段和盒$_7$段砂岩中石英平均含量为 59.31%，盒$_6$段、盒$_5$段、盒$_4$段砂岩石英含量减少到 55.24%，而上石盒子组的盒$_3$段、盒$_2$段、盒$_1$段的石英含量进一步减少到 53.66%。

长石含量在盒$_8$段和盒$_7$段砂岩中含量很低，仅为 1.34%。沿沉积序列向上，

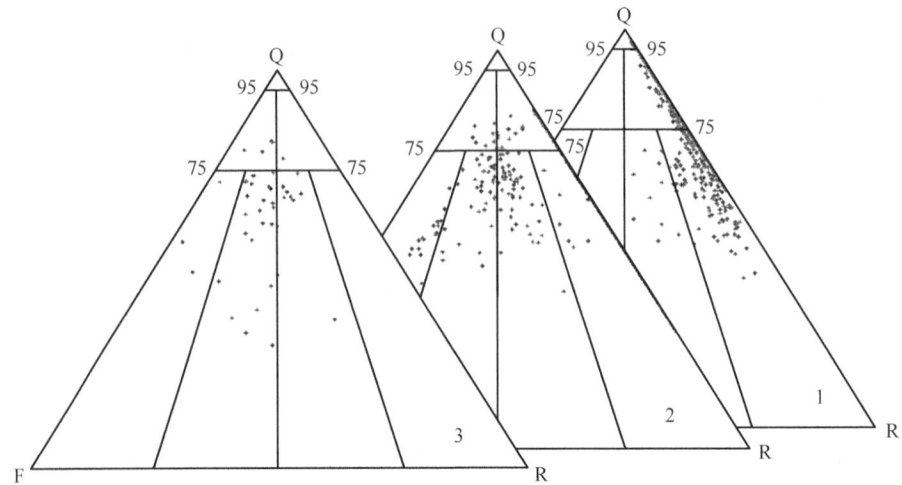

图 2-3 鄂尔多斯盆地东北部石盒子组砂岩分类投点图

1—盒$_{8上}$、盒$_{8下}$、盒$_7$；2—盒$_6$、盒$_5$、盒$_4$；3—盒$_3$、盒$_2$、盒$_1$

图 2-4 研究区石盒子组典型砂岩显微照片

（a）不等粒长石岩屑砂岩（下石盒子组），（+）；（b）砂岩中白云母弯曲变形（下石盒子组），（+）；

（c）粗-巨粒岩屑长石砂岩（下石盒子组），（+）；（d）紫红色细砂岩（上石盒子组），（+）

砂岩组分突然发生变化，在下石盒河子组中上部-上石盒河子组下部的盒$_6$-盒$_4$段，石英含量降低而长石含量升高，最高达到 13.38%，上石盒子组的盒$_3$段、盒$_2$段、盒$_1$段的长石含量逐渐增加到 17.89%。

岩屑是分析沉积物物源区岩石类型的直接标志。在下石盒子组底部，盒$_{8上}$段、盒$_{8下}$段和盒$_7$段砂岩中岩屑组分含量较高，平均为 20.98%；在向上石盒子组的，盒$_6$段、盒$_5$段、盒$_4$段岩屑含量逐渐下降，平均含量降至 15.03%；上石盒子组主体层位即盒$_3$-盒$_1$段内的岩屑含量为整个研究地层中的最低，仅为 13.01%。

数据表明，石盒子组砂岩组分纵向上的变化规律是自下而上长石含量逐渐增多，而石英和岩屑的含量则逐渐减少（见表 2-1）。即砂岩碎屑组分中的稳定组分含量减少，不稳定组分含量增加，成分成熟度逐步降低，反应物源区的构造活动逐渐增强的变化趋势。

表 2-1　鄂尔多斯盆地东北部石盒子组砂岩的碎屑组分含量　　　　（%）

鄂尔多斯盆地石盒子组	石英	长石	岩屑
盒$_3$段、盒$_2$段、盒$_1$段	53.66	17.89	13.01
盒$_6$段、盒$_5$段、盒$_4$段	55.24	13.38	15.03
盒$_{8上}$段、盒$_{8下}$段、盒$_7$段	59.31	1.34	20.98

2.2.2　阴极发光分析

矿物在阴极射线的照射下发光的现象称为阴极发光。由于微量元素组成及结晶程度的不同，不同的石英在接受电子照射时表现的阴极发光特征差异较大，根据这一规律可以分析其不同的成因，从而分析物源区属性[21-23]。一般认为，当高于 573℃并且快速冷却时，原岩为接触变质岩、火成岩和深成岩内的石英颗粒表现为紫色与蓝紫色；在 300~573℃时，来自低级变质岩的石英为棕色；原岩为沉积岩的自生石英，在低于 300℃的温度范围内一般不发光[24]。通过实验，对鄂尔多斯东北部石盒子组砂岩内的石英阴极发光进行系统观察（见表 2-2），发现其颜色整体上以棕色、褐色光及蓝色、蓝紫色光为主，表明原岩主要为变质岩，如图 2-5 所示。该种类石英与位于盆地北部阴山古陆出露的乌拉山群和集宁群的片麻岩等太古代深变质岩系和下、中元古代阿尔腾山群，白云鄂博群的麻粒岩等变质岩系物源背景相吻合。结合前述碎屑组分变化趋势推测鄂尔多斯盆地东北部石盒子组沉积物的母岩可能与北部阴山古陆的变质岩系物源输入有关。

表 2-2　石英阴极发光特征统计

颜色	蓝紫色	棕色	浅红色	不发光
岩性	深变质岩	浅变质岩	火山岩	沉积岩

颜色	蓝紫色	棕色	浅红色	不发光
盒$_1$	57.8%	30.6%	1.8%	1.5%
盒$_2$	51.2%	41.7%	2.6%	0.9%
盒$_7$	49.6%	42.6%	1.9%	0.8%
盒$_8$	56.9%	30.9%	1.8%	1.5%

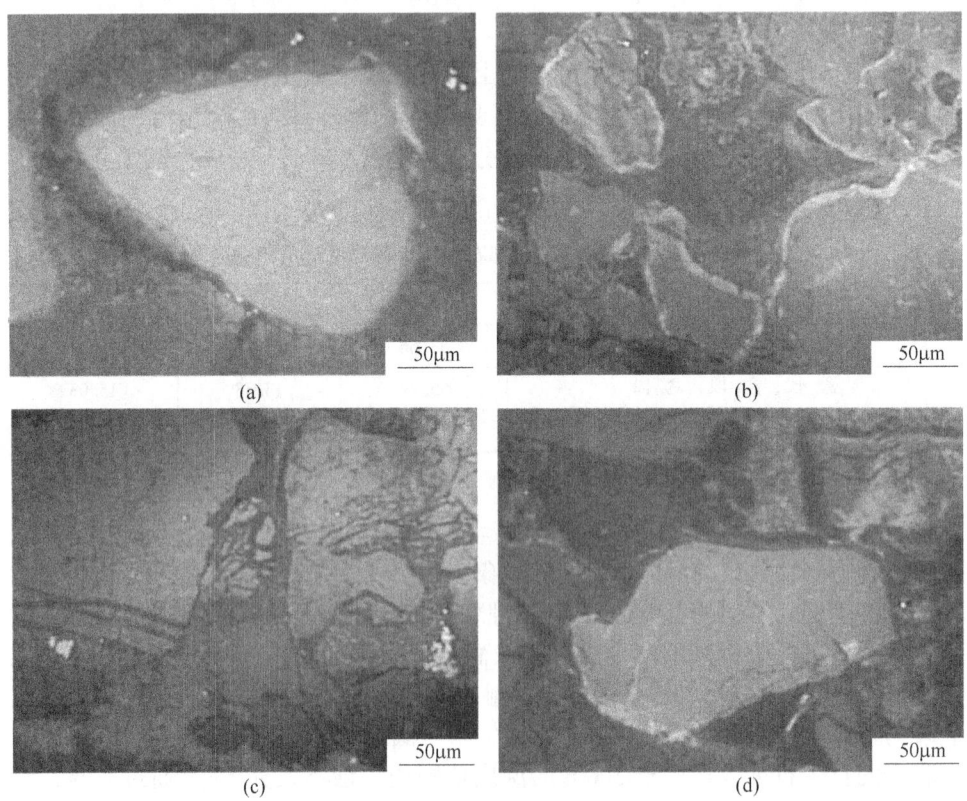

图 2-5　研究区石英阴极发光特征

（a）蓝色发光的石英晶粒，粒间为高岭石胶结，发育次生加大边，盒$_{8上}$段；（b）棕红色、蓝色石英晶粒
被高岭石胶结，盒$_{8下}$段；（c）碎裂状石英颗粒，盒$_{8上}$段；（d）蓝色石英晶粒，盒$_{8上}$段

2.3　高分辨率层序地层格架

　　精确的层序地层格架对分析地层沉积规律、地层等时对比和划分十分重要，
而采用地震、钻井、测井和剖面分析等方法进行地层分析，有利于提高地层对比

的精度，能为精细刻画古地理面貌及沉积盆地演化过程乃至矿产预测、储量评估提供科学依据[25-28]。基于相分异、厚度与体积划分、层序界面特征（洪泛面）和等时对比规律原则，对鄂尔多斯盆地东北部二叠系 NE-SW 走向的各类剖面（见图 2-6）数据进行分析，比较层序地层关系，建立了关于石盒子组的层序地层格架（见图 2-7）。

图 2-6　鄂尔多斯盆地东北部部分剖面典型照片

（a）准格尔旗陈家沟剖面下石盒子组强力水流冲刷痕迹；（b）成家庄剖面盒，水下分流河道含砾
粗砂岩及其底部重荷膜构造；（c）准格尔旗陈龙王沟剖面盒$_{8下}$含砾粗粒砂岩；（d）昕水河剖面盒
水下分流河道砂岩中的板状层理；（e）海财庙剖面冲刷间断层序界面结构；（f）海则庙剖面三角洲
平原上洼地，洪泛平原细粒沉积

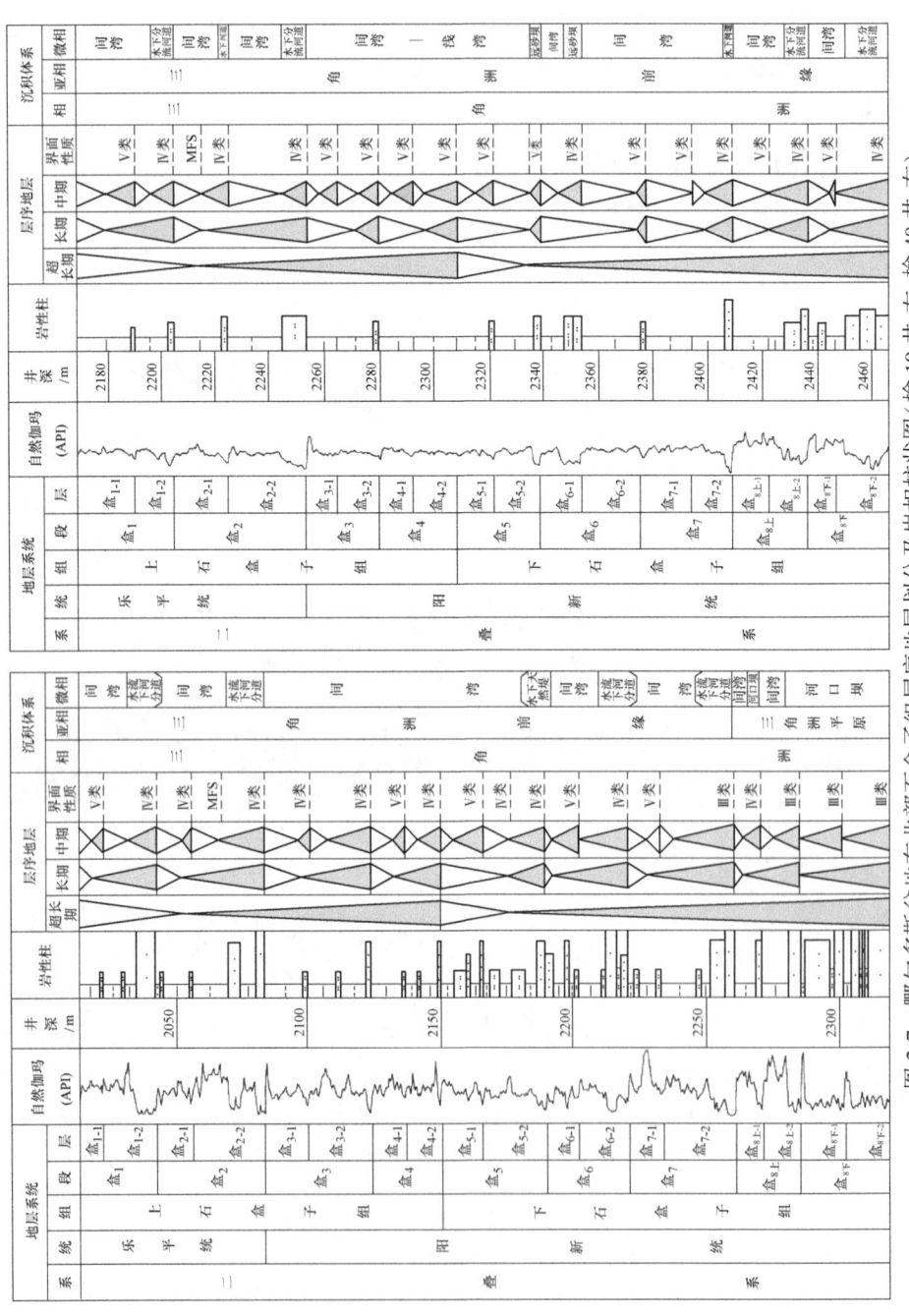

图 2-7　鄂尔多斯盆地东北部石盒子组层序地层划分及岩相柱状图（榆 19 井-左，榆 40 井-右）

基准面旋回结构理论认为地层的旋回性普遍存在于海相或陆相地层中，呈现规律性的岩石类型或沉积作用的多级次组合[29]。由于风化剥蚀作用、沉积作用、盆地可容空间的变化和沉降规律等对地层的影响，使地表基准面具有旋回性[30]。综合沉积学及测井特征，将研究区的下石盒子组整体可视为一个超长期旋回 SLC1，其内部有 5 个长期旋回，即盒$_{8下}$段（LSC1）、盒$_{8上}$段（LSC2）、盒$_7$段（LSC3）、盒$_6$段（LSC4）、盒$_5$段（LSC5），而每个长期旋回含有 2 个中期旋回，纵向上分别对应盒$_{8下-2}$～盒$_{5-1}$等 10 个层位（MSC1～10），如图 2-7 所示；上石盒子组整体可视为超长期旋回—SLC2，包含 4 个长期旋回，即 LSC6～9，纵向上对应于盒$_4$段、盒$_3$段、盒$_2$段、盒$_1$段，8 个中期旋回（MSC11～18）从下至上分别对应盒$_{4-2}$～盒$_{1-1}$等8 个层位。其中，每个长周期旋回期对应包含 2 个中周期旋回期。

根据图 2-7 所示的地层层序划分及旋回特点，对鄂尔多斯盆地东北部二叠系石盒子组处于不同沉积环境中的三角洲平原前、后（榆 19 井）、三角洲前缘（榆 40 井）的两个地点地层进行了分析。根据野外观察及沉积特征分析，研究区石盒子组中期旋回可分为两种结构类型，具有对称型旋回的 C 型在整个沉积序列上的各个层位均有出现，而下粗上细的 A 型旋回较为少见，下细上粗的 B 型旋回极为少见（见图 2-8）。对鄂尔多斯东北部石盒子组进行野外观察后，发现非

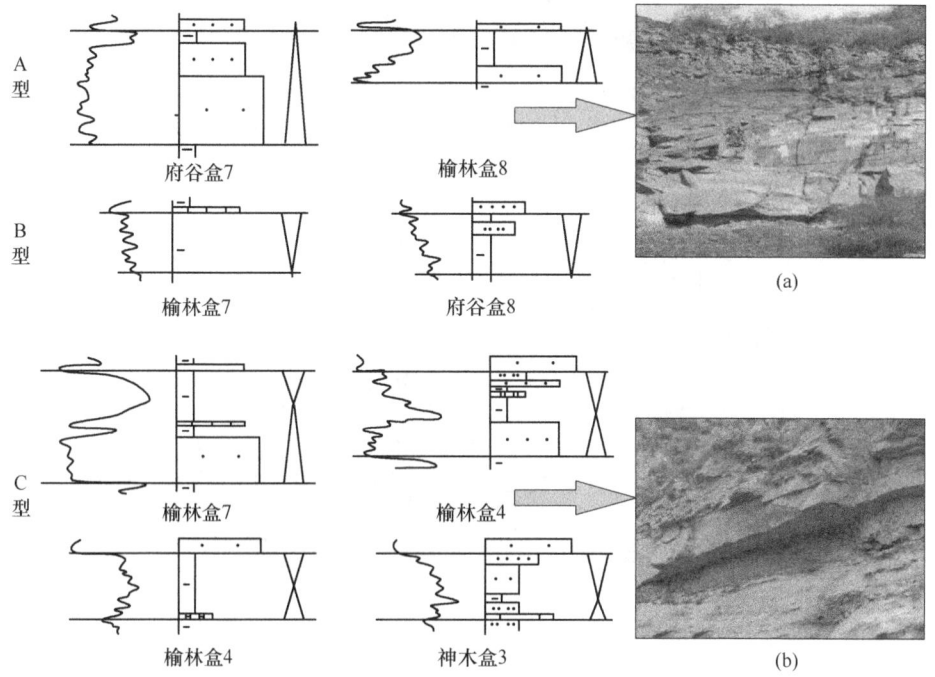

图 2-8　鄂尔多斯盆地东北部石盒子组中期旋回层序结构类型

（a）府谷剖面，盒$_7$，A 型旋回（下粗上细）；（b）榆林剖面，盒$_7$，C 型旋回（对称型旋回）

对称型主要见于下石盒子组的盒$_8$段中，在盒$_5$段、盒$_2$段中也偶有出现；而对称型式多集中在盒$_7$段~盒$_1$段内。

　　研究区石盒子组岩石组合中，顶部盒$_1$及下部盒$_8$、盒$_7$中均可见厚层砂岩分布，以下部为主，中部分布较少且粒度变小主要为粉砂岩、泥岩。因此，整个上、下石盒子组的两个超长期旋回是对称的，最大洪泛面位于盒$_5$段~盒$_1$段中。对于整个上升半旋回的沉积环境变迁，表现为由辫状河、曲流河到网状河的变化，因此，厚层砂岩逐渐减少，而整个下降半旋回的沉积环境变化不显著，至晚期厚层砂岩略有增加。

2.4　砂体展布和岩相古地理

　　分析砂岩的各类碎屑颗粒纵向上的演化规律、沉积环境及古流向变化，能有效获得物源变化趋势、大地构造特征等，且沉积岩的结构特征对油气储层预测起着关键作用。因此，可以通过研究具有代表性的沉积层位并分析其古地理特征来反映研究区砂体展布规律，如图2-9所示。

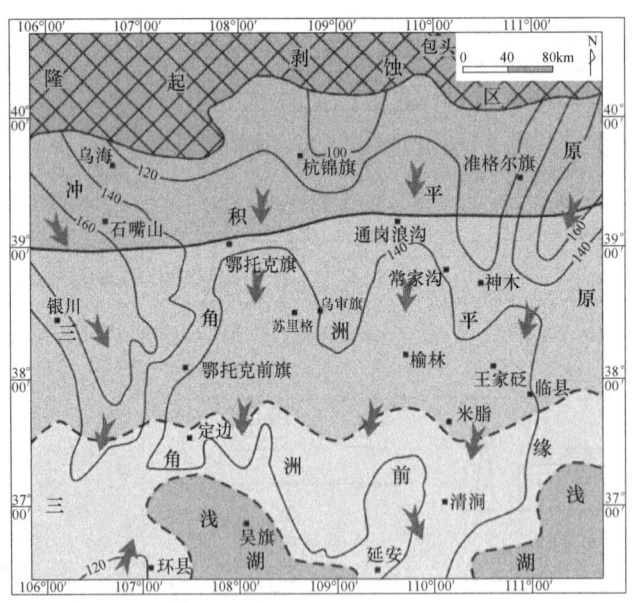

(a)

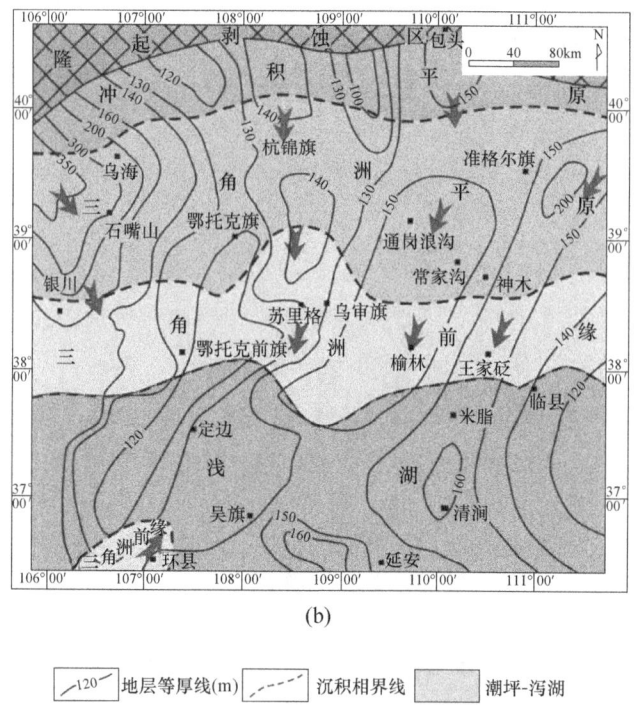

(b)

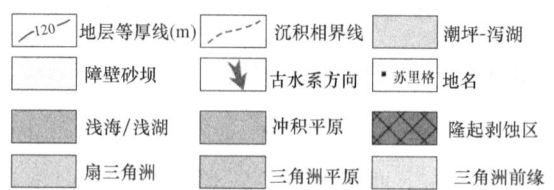

图 2-9　鄂尔多斯盆地北部中二叠世岩相古地理图

（a）下石盒子组岩相古地理图；（b）上石盒子组岩相古地理图

2.4.1　盒$_{8下}$期及亚期砂体展布及古地理特征

2.4.1.1　盒$_{8下}$期

盒$_{8下}$期（LSC1 期）研究区的沉积体系的展布呈现一定的规律，南部以三角洲前缘、浅湖等为主，向北逐渐抬升，出现三角洲平原为主包含冲积平原在内的沉积环境，常家沟东、西分别分布了一套河流—三角洲系统，如图 2-9 所示，西部沉积相带分布呈 N-S 向展布，东部沉积相带分布呈近 NE-SW 向分布，而砂体的最大厚度出现于冲积平原，最大可至 16m；三角洲平原相内的砂体多呈透镜状沿着河道分布，最大厚度为 23m。

2.4.1.2　盒$_{8下}^{2}$亚期

盒$_{8下}^{2}$亚期（MSC1 亚期）研究区的冲积平原地区主要分布在通岗浪沟以北的地区，如图 2-10 所示，以南的三角洲平原内可见受沉积相带，河流方向影响的砂体分布于分流河道中，部分地区砂体厚度大于8m，砂地比大于0.7，位于冲积平原河道的砂体厚度一般为6m左右。

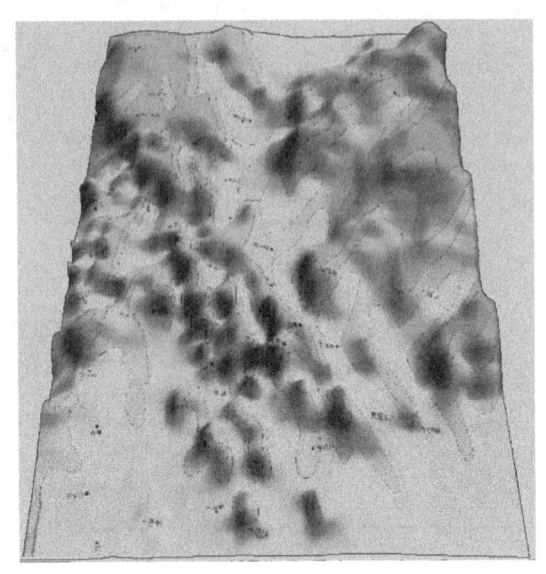

图 2-10   盒$_{8下}^2$亚段砂体三维模型图

2.4.2   盒$_5$期和亚期砂体展布及古地理特征

2.4.2.1   盒$_5$期

盒$_5$期（LSC5期）内东、西两河流—三角洲系统纵向上呈缩短趋势，整体向东部迁移。连续分布的最大砂体厚度减小，为6m左右。两系统的三角洲平原相带中分布的砂体厚度均达到10m以上，而东部河流三角洲系统的砂体面积更大，连续分布的最大砂体厚度大于10m，部分地区大于14m。

2.4.2.2   盒$_5^2$亚期

盒$_5^2$亚期（MSC9亚期）三角洲前缘相区的北缘继续向北推移，而浅湖相区和冲积平原仍处于原有位置。东部河流—三角洲系统向西挤压，面积不断增加，前缘部分向南扩展。多数砂体厚度达5m左右，砂地比约0.3。西部的三角洲平原内的分流河道中砂体厚度为8m以上，砂地比0.5以上，如图2-11所示。

2.4.2.3   盒$_5^1$亚期

盒$_5^1$亚期（MSC10亚期）三角洲平原相带的南界向南推移至榆林、王家砭附近，相带面积有所扩大。西部河流—三角洲系统发生萎缩，出现较多的河间洼地，河道宽度减小，砂体厚度约5m，砂地比约0.3。西部河流—三角洲系统前缘地区砂体厚度大于7m，砂地比变为0.4，东部平原地区可见厚度变为10m，砂地比大于0.7。

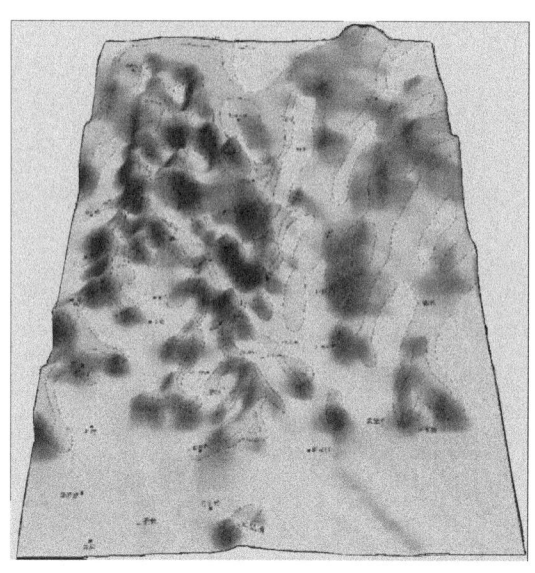

图 2-11 盒$_3^2$亚段砂体三维模型图

2.4.3 盒$_3$期及亚期砂体展布及古地理特征

2.4.3.1 盒$_3$期

盒$_3$期（LSC7 期）三角洲平原的南界向南移动，相区总体面积有所增加，但前缘相区面积却发生了缩减（见图 2-9）。东、西两个河流—三角洲系统的横向分布面积均变小、河道变窄，同时出现河道向东迁移的特征。砂体总体厚度变小，连续分布的最大砂体厚度达到 6m，在西部河流三角洲系统内榆林附近砂体厚度最大达到 18m。

2.4.3.2 盒$_3^2$亚期

盒$_3^2$亚期（MSC13 亚期）浅湖相区稍向北扩展，其他相区位置基本未变，西部河流—三角洲系统稍向东移，河道分叉现象更为明显，河间增加了较多洼地，如图 2-12 所示。东部的河道宽度变小。砂体厚度增加到 5m 左右，砂地比变为 0.3 左右。在三角洲平原相区分流河道交汇处常见厚度较大的砂体，其最大厚度可达 11~13m，砂地比为 0.5~0.7。

2.4.3.3 盒$_3^1$亚期

盒$_3^1$亚期（MSC14 亚期）各相区的分布位置大体保持不变，东、西两大河流—三角洲系统的位置也大体与 MSC13 亚期的相同，河道分叉现象增多，砂体厚度为 5m 左右，砂地比变为 0.3，三角洲平原相带内的连续砂体厚度最大达到了 8m，其砂地比变成了 0.5。

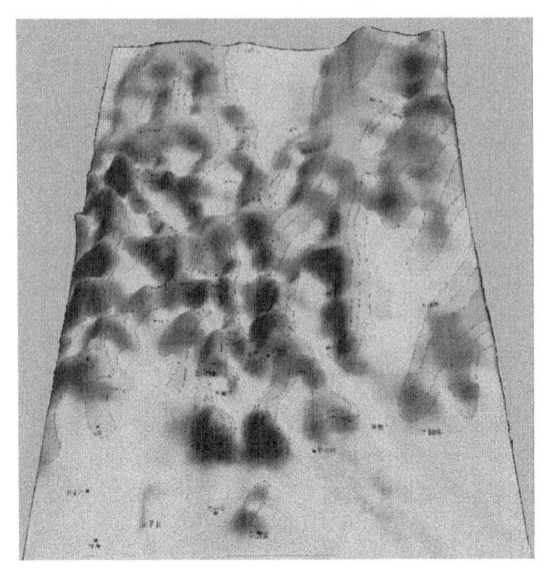

图 2-12 盒$_3^2$亚段砂体三维模型图

2.4.4 盒$_1$期及亚期砂体展布及古地理特征

2.4.4.1 盒$_1$期

盒$_1$期（LSC9 期）浅湖相带略向北扩展，三角洲前缘相带的北界略向南收缩，冲积平原相带的南界向北退缩，造成三角洲平原相带的面积扩大。东、西两个河流—三角洲系统的横向分布面积扩展，西部河流—三角洲系统的纵向延伸长度增大。砂体厚度增大，厚度 6m 左右的砂体分布面积增大、连续性增强。在三角洲平原相带中还局限分布有厚度大于 14m 的高值区。

2.4.4.2 盒$_1^2$亚期

盒$_1^2$亚期（MSC17 亚期）东西两个河流—三角洲系统的河道明显扩展，但 4 个相带的位置相对不变。特别是东部河流—三角洲系统侧向变宽，如图 2-13 所示，分叉现象减少，河流形态和前期相比有所改变。厚度为 5m 左右，砂地比 0.1 的砂体分布广泛，在三角洲平原相带出现厚度 8m 左右，砂地比 0.3 左右的砂体，次之在冲积平原和三角洲前缘也有少量分布。

2.4.4.3 盒$_1^1$亚期

盒$_1^1$亚期（MSC18 亚期）浅湖相带的北界略向北有所扩展，相区分布面积扩大。两个河流—三角洲系统的河道侧向宽度减小，尤其以东部河流—三角洲系统的侧向面积减少的更多。砂体厚度大多为 5m，砂地比约为 0.3。在冲积平面相区相对有一定展布，在三角洲平原和前缘地区极少分布。

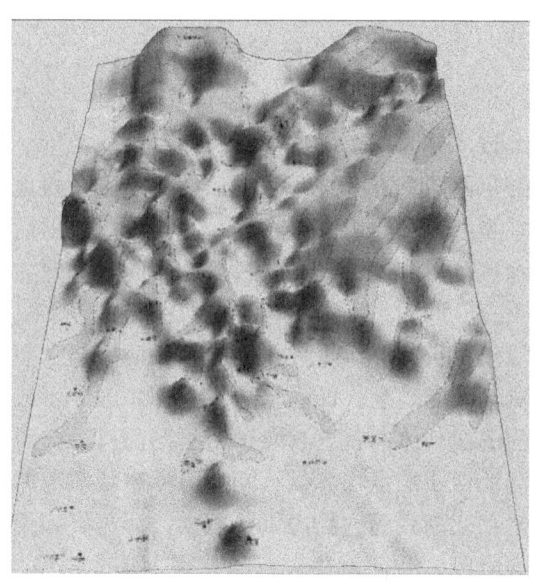

图 2-13　盒$_1^2$亚段砂体三维模型图

2.4.5　砂体成因与分布规律

　　根据鄂尔多斯盆地东北部二叠纪的构造背景及沉积特征的研究发现，研究区具有北缘缓慢碰撞—抬升导致沉积物持续供给的充填演化过程，在水动力作用下碎屑物不断向盆地东部迁移，出现了多个浅水三角洲[31]，通过古地理图及砂体模型图，揭示了该地区上、下石盒子组的古地理演化和砂体展布规律。

　　从 LSC1、LSC5、LSC7、LSC9 期的砂体展布规律发现，研究区的自北向南古地理环境格局并无太大变化，依旧是由浅至深的冲积平原、三角洲平原、三角洲前缘和浅湖，沉积体系的展布规律及面积保持稳定。该区存在两大河流—三角洲系统，以东部、西部加以区分。其中，西部的河流—三角洲系统沿南北方向展布，三角洲前缘延伸向南；而东部则沿北东-南西方向延伸，但延伸距离短。在分布位置上，西部河流—三角洲系统在下石盒子组中出现两次由西至东的迁移。第一次为 MSC1~MSC4，而后由东至西恢复位置后继续向东为 MSC5~MSC10。在上石盒子组中，西部河流—三角洲系统呈现出逐渐东迁的趋势。对于东部河流—三角洲系统而言，其位置分布相对较为稳定，只在 MSC2 期和 MSC16 期存在明显的东移变化。水体的进退及沉积体系的演变方式呈现一定的特点，在下石盒子组亚期，浅湖相分布有向北扩展的态势，而三角洲前缘相带也呈现出向北迁移、面积扩大的趋势，三角洲平原相带面积有减小趋势；在上石盒子组亚期，由于地势升高，三角洲前缘相带及浅湖相带整体向南迁移并且面积发生缩减。

2.5 本章小结

鄂尔多斯盆地大致可分为两个演化阶段和四种盆地类型。晚石炭世，盆地处于拉张阶段，海水由东西两个方向进入盆地，形成陆表海盆地和裂陷盆地，发育以海相沉积为主的本溪组和太原组，此为第一演化阶段。随后，盆地内部由拉张变为挤压环境，海水自东南侧退出，形成过渡性质的近海湖盆地和陆内凹陷盆地（自下石盒子期），发育以陆相沉积为主的山西组至石千峰组，此为第二阶段。伴随着盆内的构造演化过程，形成了一系列的超长期旋回，而超长期旋回的早期对应于构造活动相对活跃的时期，即强物源供给期，因此形成了粒度较粗、规模较大、厚度较稳定的沉积砂体。就下石盒子组早期而言，此时处于陆相盆地发展阶段晚期，即构造活动活跃的强物源供给期，可见辫状河与厚层砂体出现。而到晚期，盆地内构造活动逐渐减弱，物源供给减少，河流类型发生变化。至晚石盒子期，盆地进入成熟阶段。结合前述岩石学特征、高分辨率层序地层格架研究，以及砂体展布、岩相古地理研究认为石盒子期盆地北缘总体上北高南低，上下石盒子组主要物源供给应来源于盆地北侧阴山造山带，上下石盒子组分别对应一个超长期旋回、数个长期旋回和中期旋回反映盆地北缘在石盒子期构造活动较为活跃，频繁发生。

根据沉积组分分析，鄂尔多斯盆地东北部石盒子组沉积过程与华北板块北缘的阴山古陆被剥蚀后的物质输入有关。建立起的石盒子组层序地层格架显示，其含有完整的超长期旋回、长期旋回和中期旋回体系；而构造控制的风化剥蚀作用、沉积作用、盆地可容空间的变化等是关键因素。研究区石盒子组河流—三角洲沉积系统的发育也与碰撞-隆升等构造活动有关，而构造活动影响了沉积充填过程、古地理特征及砂体展布。上石盒子组中，西部河流—三角洲系统呈现出逐渐东迁的趋势，东部河流—三角洲系统位置分布相对较为稳定，只在 MSC2 期和 MSC16 期存在明显的东移变化。

3 鄂尔多斯盆地富县上三叠统长8段砂体分布及成因模式

运用高分辨率层序地层学的方法，在充分收集、整理测井、地震及钻井资料的基础上，深入研究陕西富县上三叠统延长组长8段的高分辨率层序地层学特征，将长8划分为1个长期、2个中期（MSC1和MSC2）和若干个短期基准面旋回，编制了2个中期基准面旋回的岩相古地理图。结果表明：MSC1期为湖盆扩张期，以发育退积型浅水三角洲和湖底扇为特征，MSC2期为湖盆稳定充填期，以加积型三角洲为特征，湖底扇萎缩；长8段主要发育A2型、C1型、C2型和C3型4种短期基准面旋回模式，砂体成因种类和基准面架构具备从目标区的NE至SW由内三角洲前缘A2型→外三角洲前缘C1型→外三角洲前缘C3型→半深湖C2型或湖底扇A2型的分布规律；最有利的储集砂体成因类型为A2型水下分流河道砂体和A2型湖底扇砂体，且顺物源方向的空间连通性好，有利于发育岩性圈闭，是研究区的重要勘探目标。

鄂尔多斯盆地具有煤、石油、天然气和铀矿等多种能源矿产同生共储的特点。油气聚集面积大、分布广、复合连片、多层系，油气分布特征可概况为南油北气、上（中生界）油下（古生界）气。目前，已经在鄂尔多斯盆地上三叠统延长组找到了许多大规模的岩性油藏，如西峰、安塞等大型块区。本次调研目标块区位于富县，区域上属于陕西北部斜坡油气聚集带的一部分（东部偏南），靠近渭北隆起带。虽然已有的钻井在延长组发现了油气显示，但一直未能取得大的突破。该地区的勘探程度较低，仍处于区带评价和圈闭预探阶段。油气藏解剖表明，鄂尔多斯盆地三叠系延长组的油藏类型主要为岩性尖灭、物性遮挡和构造岩性圈闭，三角洲砂体和浊积岩砂体是最有利的油气富集相带[32-38]。因此，深入认识砂体成因类型和时空展布规律是延长组岩性油藏勘探开发的关键。运用经典层序地层学、高分辨率层序地层学[25-28,39-42]以建立等时地层格架为出发点，为识别等时沉积体提供了理论基础和主要技术手段。以钻井岩心、测井和地震资料为基础，通过对富县地区长8段的高分辨率层序地层分析，编制了层序格架内的岩相古地理图，详细刻画了有利储集砂体的空间展布特征，为富县地区长8段的岩性圈闭和区带预测提供依据。

3.1　区域地质概况

　　鄂尔多斯盆地位于华北地块西部，是一个构造简单的大型多旋回克拉通盆地，盆地地貌东高西低，十分平缓，每公里坡降不足 1°[6]。中生代侏罗纪末之前，华北隆台是一个统一的整体。至白垩纪，由于东部山西吕梁地区隆起，使鄂尔多斯地台与华北隆台逐渐分离，形成独立的沉积盆地，盆地结晶基底为太古界及早元古界变质岩。基底顶面形态东高西低，北高南低，东北翼宽缓、西南翼陡倾，呈不对称状[6]。基底之上最早的沉积盖层为中元古界长城系及蓟县系，早古生代以稳定的陆表海碳酸盐岩沉积为主，晚古生代发育海陆交互相—内陆河湖相沉积，至晚三叠世，形成了大型鄂尔多斯内陆淡水湖泊，气候潮湿。延长组沉积期，盆地西部为隆坳相间的雁列构造格局，沉积厚达 3000m；北部为南倾斜坡，沉积厚度 800~1000m；南部主要为厚达 1000~1400m 的湖相沉积，是鄂尔多斯盆地最主要的产油区。研究区为富县上三叠统延长组长 8 段，行政区隶属于陕西省富县，分布在陕西北部斜坡油气聚集带的一部分（东部偏南），靠近渭北隆起带，该区域河流发育，海拔分布在 300~1000m，而周边的海拔相对较高（见图 3-1）。

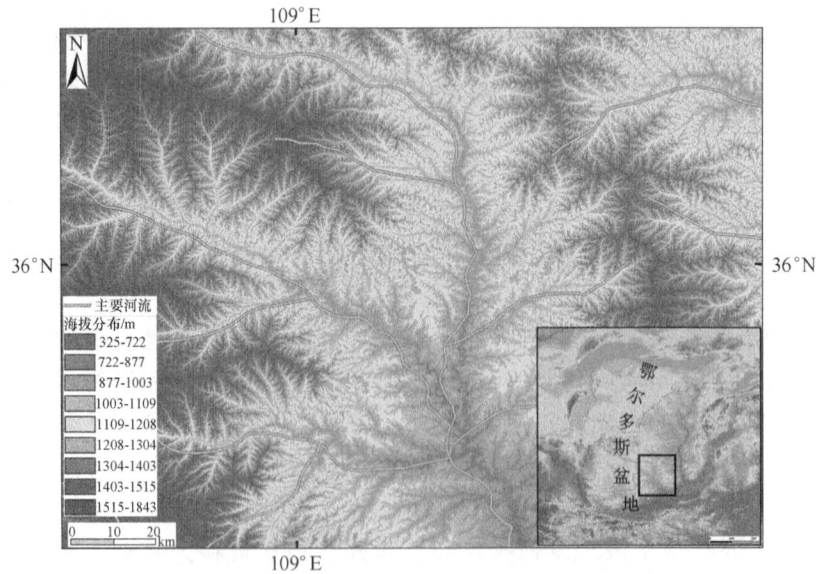

图 3-1　鄂尔多斯盆地富县区域海拔分布

(Aster 数字高程数据，分辨率 30m/pixel)

3.2 基准面旋回结构类型

基准面旋回变化时沉积物供给通量和容纳空间比值的关系是高分辨率层序地层学所关注的问题，表现为沉积物的体积分配、充填和地层响应间的关系，并揭示所随之产生的沉积相序、沉积物的保存程度、岩石组合类型及有利储集砂体的发育条件和形成特征。在沉积物充填过程中，不同的可容纳空间增长速率与沉积物供给速率比值（A/S），发育出 3 类 7 亚类基本的基准面旋回类型[25-27,40-41]。对钻井岩心和测井曲线的分析显示，富县地区长 8 段主要发育 A2、C1、C2、C3四种短期基准面旋回。

3.2.1 高可容空间向上变"深"的非对称型旋回

高可容空间向上变"深"的非对称型旋回（A2 型）的基准面旋回是在 $A/S<1$ 的条件下形成的，即沉积物供给增长率大于可容空间增长率的在富县地区的过补偿或超补偿环境，为长 8 段最发育的基准面旋回类型，沉积记录仅保存基准面上升半旋回，测井曲线呈钟形，代表基准面缓慢上升和快速下降的非均衡过程。主要发育在研究区东北部的三角洲前缘（见图 3-2（a））和浊积扇环境（见图 3-2（b）），由泥岩、粉砂岩及细砂岩构成，呈现出向下变粗的态势，整体上显示上部为水下分流间湾微相及水下天然堤微相，而下部为水下分流河道。

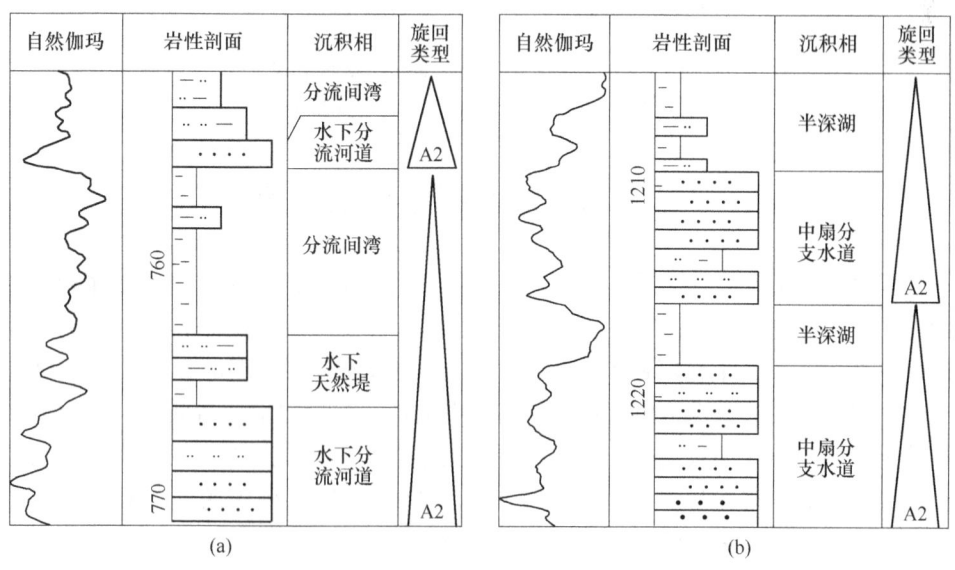

图 3-2 长 8 段 A 型短期基准面旋回结构

（a）中富 47 井；（b）中富 28 井

3.2.2　向上变深复变浅的对称旋回

向上变深复变浅的对称旋回（C 型）发育于高可容空间沉积背景条件，即可容空间增长率等于或者略大于沉积物的供给增长率（$S \approx A$），剖面结构上表现为向上变细复变粗的对称型。包括上升半旋回和下降半旋回，其间为短期洪泛面。可进一步细分为 3 亚类：上升半旋回厚度大于下降半旋回的不完全对称型（C1型），主要分布在外三角洲前缘的小型水下分流河道和分流间湾环境（见图 3-3(a)）；上升半旋回厚度约等于下降半旋回的近完全对称型（C2 型），主要由粉砂质泥岩和泥岩构成（见图 3-3（b）），形成于西部靠南的半深湖-浅湖环境；而上升半旋回厚度小于下降半旋回厚度的不完全对称型（C3 型），主要分布在中部的前三角洲（见图 3-3（c））。

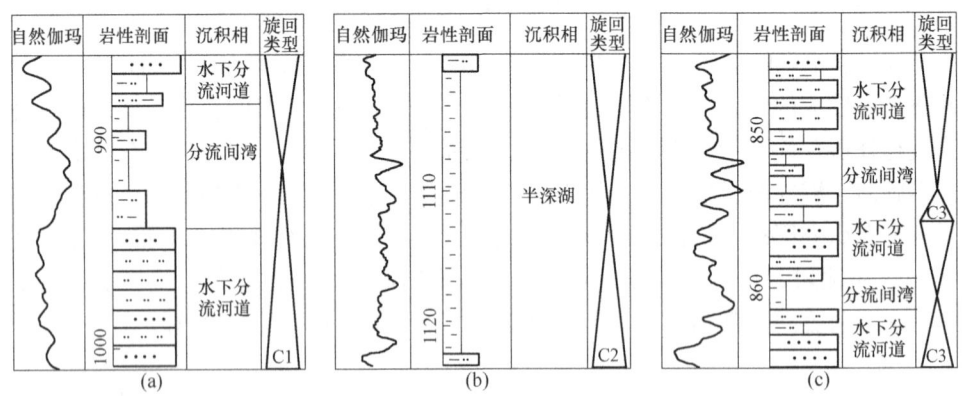

图 3-3　长 8 段 C 型短期基准面旋回结构

(a) 中富 9 井；(b) 中富 28 井；(c) 中富 47 井

3.3　高分辨率层序地层格架

层序地层格架构建实质上是把相同时间内沉积形成的岩层按一定的序列归并到有关年代的地层-时间对比框架内，同时对地层叠加模式及等时地层对比进行研究。高分辨率层序地层格架的构建能对区域地层对比精度的提高产生积极作用，并对沉积相的鉴定提供支持，为重建古地理、沉积盆地构造演化，乃至储层评估及能源预测等细致地质问题提供更加可信的科学证据[25~27,40~41]。利用基准面旋回等时对比规律原则，采取属于中期基准面旋回序列中的二分时间分界点（含有洪泛面及层序界面），对北东—南西向、北西—南东向的地震剖面和联井剖面进行高分辨率层序地层分析和对比，组成基于鄂尔多斯盆地富县长 8 段的地层格架层序。将富县长 8 段精确剖析为许多个超短期及短期旋回、2 个中期旋回

（自上而下可分成 MSC2、MSC1）和一个长期旋回，这些内容能为富县相关地层的砂体对比、沉积体系空间分布和精确的岩相古地理分析提供有利的技术支持（见图 3-4）。

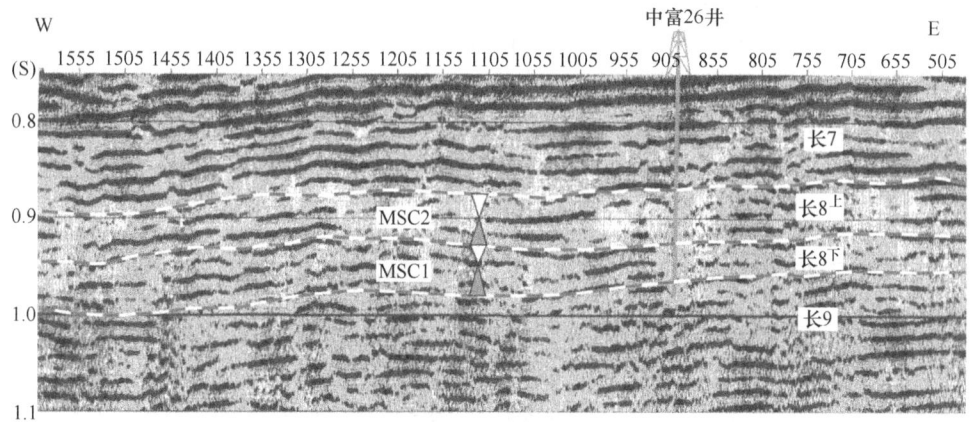

图 3-4　鄂尔多斯盆地富县上三叠统长 8 段中期旋回层序结构
(SB1996-G04 测线)

3.4　砂体展布和岩相古地理

　　基于上述分析的高分辨率层序地层格架特征，对 30 多口位于鄂尔多斯盆地富县境内的钻井采取中期基准面旋回的划分，总结出各钻井中期基准面旋回的砂体厚度、砂地比值及地层厚度，绘制出与之相对应的等值线图件。此外，对钻井岩心沉积相、测井相和地震相精细分析的基础上完成沉积相-测井相-地震相"三相"相互标定，在平面和剖面上对沉积相、亚相界限予以约束，结合砂体等厚图、砂地比图、重矿物物源分析图等相关统计资料，绘制两张基于中期旋回划分的岩相-层序古地理图，细致地总结出每个阶段的砂体展布方式及古地理特征。整体上，富县长 8 段主要代表的沉积相有湖底扇、浅水三角洲及半深湖-浅湖等类型。而富县境内的北东方向是三角洲的物源输入方向，在空间上三角洲朵体以 NE-SW 向分布；此外，中富 28 井中富 30 井处所代表的湖底扇物源来自南部。

3.4.1　MSC1 期

　　长$_{8下}$亚段对应于 MSC1 期，该阶段对于湖盆扩张期，三角洲变化趋势为向北东方向退积，地震剖面特征显示为明显的上超现象。中富 12 井-中富 25 井-中陕 17 井一带往南为半深湖-浅湖相带，往北是三角洲前缘相带，如图 3-5 所示。三角洲前缘分流河道以 NE-SW 方向呈现带状分布，河道流域整体面积巨大，构成了目标区内大部分的储集砂体。分流间湾将河道进行分隔，总体上可划为东部、西部及中部 3 个分流河道发育地区：中富 12 井-富古 6 井-中富 44 井为目标区东部的分流河道形成区域；中富 11 井-中富 14 井-中富 16 井-富古 2 井为目标区域内中间部分分流河道范围；西部的牛西 5 井-中富 19 井-泉 2 井一侧，为目标区的西侧的分流河道形成区。在分流河道流经范围内，砂地比高于 0.3，其砂体总体厚度大致为 20m。在中富 32 井-中富 28 井-富古 3 井一线所处的南部半深湖-浅湖沉积范围内，沉积有最大厚度达到 36m 的湖相浊积扇的砂体，可视作为有利的储集体。

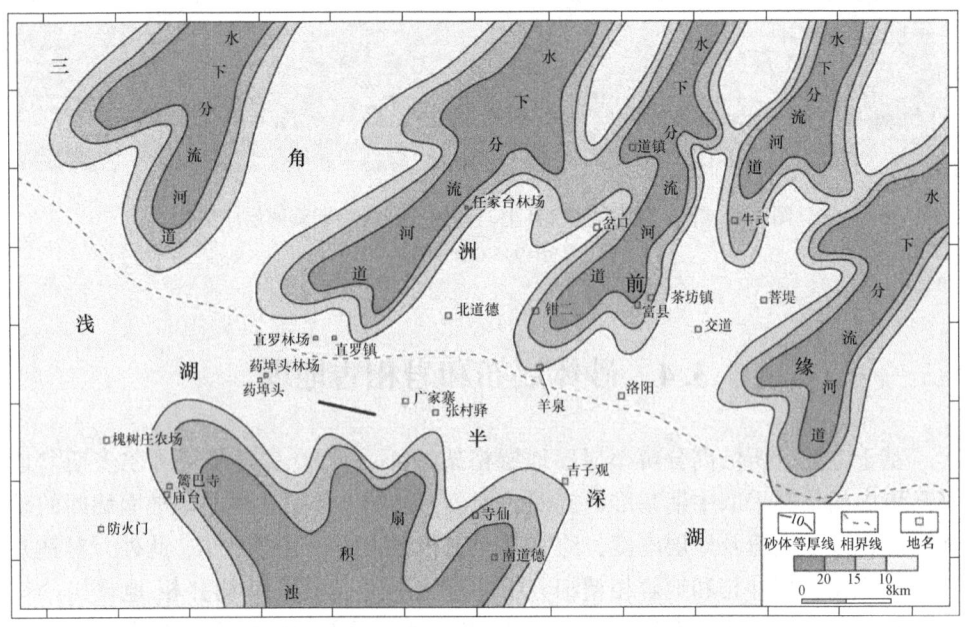

图 3-5　鄂尔多斯盆地富县地区 MSC1 期层序-岩相古地理图

3.4.2　MSC2 期

相当于长$_{8上}$亚段，该时期湖平面相对稳定，三角洲以加积作用为主。吉 1-1 井-中富 12 井-中富 25 井一带往南为浅湖-半深湖相带，向北则是三角洲前缘相带（见图 3-6）。三角洲前缘相带分布的方向和前期大致一样，但是其分流河道涉及的面积与长 8 下期相比相对缩小。同时，其被中富 9 井-中富 4 井一侧的分流间湾缩分离，分流河道能够细分为东部、西部两块分流河道沉积区：富古 6 井-中富 12 井-富古 2 井-中富 43 井属于目标区东部的分流河道范围，此分流河道流域面积巨大，河道较宽，其河道沉积砂体厚度可超过 20m 以上，富古 2 井区域的砂体厚度最高可达 46.4m；中富 10 井-吉 2 井区所代表的分流间湾将西部河道区划分为两个次级分流河道区，中富 14 井-牛东 5 井的分流河道延伸较远，此处的砂体厚度较大，如在中富 14 井范围内其砂厚可达到 42.7m；中富 25 井-中富 18 井的分流河道流域涉及范围较小，其沉积砂体厚度大致为 20m；富古 3 井-中富 28 井一侧所涉及的南部半深湖-浅湖沉积范围内还存在有浊积扇体，但在 MSC2 期此处的浊积扇分布范围相对于前一时期缩小，厚度也较薄。

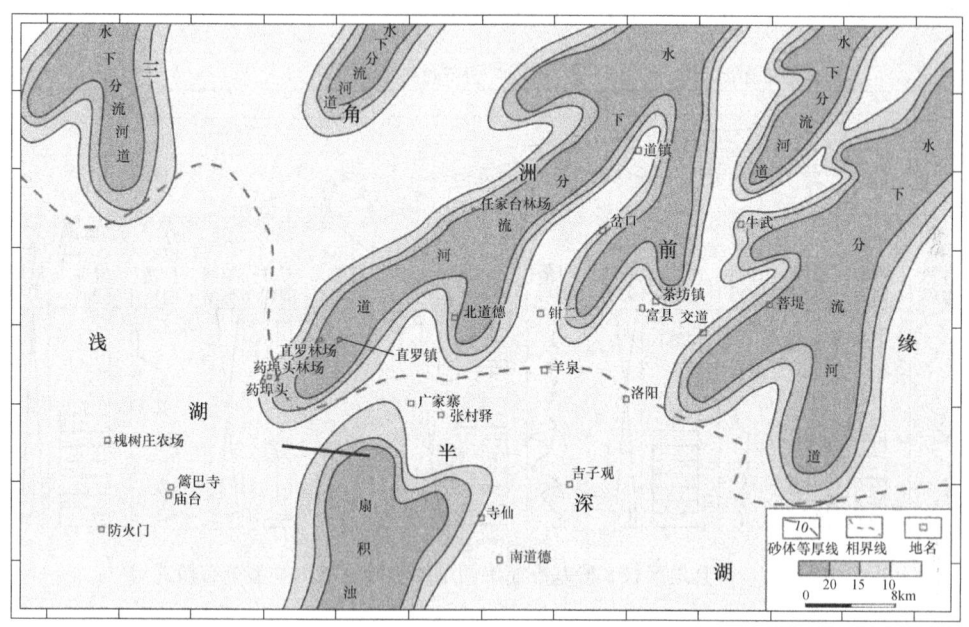

图 3-6 鄂尔多斯盆地富县地区 MSC2 期层序-岩相古地理图

3.5 砂体成因类型与分布模式

在印支构造运动期间，鄂尔多斯盆地由于受秦岭造山带长期高强度的碰撞-挤压作用，其盆地性质由海相盆地转变为大型的陆内坳陷型盆地，盆地地形表现为西南翼陡倾而东北翼宽缓的整体地貌特征[28]。古地理图揭示两个中期基准面旋回的沉积相带展布具有明显的继承性，反映长 8 沉积期处于盆地早期缓慢坳陷阶段，构造较稳定。富县地区由于受源自 NE 方向且经历过长距离搬运的物源的影响，形成了范围广泛的浅水三角洲前缘沉积体。由于盆地南部坡度陡，发育的湖底扇朵体进入了研究区内，分布面积有限。

以中富 25 井-中陕 17 井-中富 12 井为界，以北地区主要发育三角洲前缘水下分流河道砂体，分流河道砂体累积厚度常达 40m，砂地比可达 0.4；以南则发育浅湖-半深湖泥为主，在中富 28 井-中富 32 井一带发育湖底扇砂体，砂体累积厚度常达 50m，砂地比达 0.4。顺物源方向的连井砂体对比显示，虽然单个砂体沉积厚度相对较小，但砂体顺物源方向的空间连通性好，有利于发育岩性圈闭。综合分析显示，由北东往南西方向，研究区内的基准面旋回结构和砂体成因类型分布具有如此规律（见图 3-7）：内三角洲前缘 A2 型→外三角洲前缘 C1 型→外三角洲前缘 C3 型→半深湖 C2 型或湖底扇 A2 型。最有利储集砂体的主要有 A2 型水下分流河道砂体和 A2 型湖底扇砂体两种成因类型。

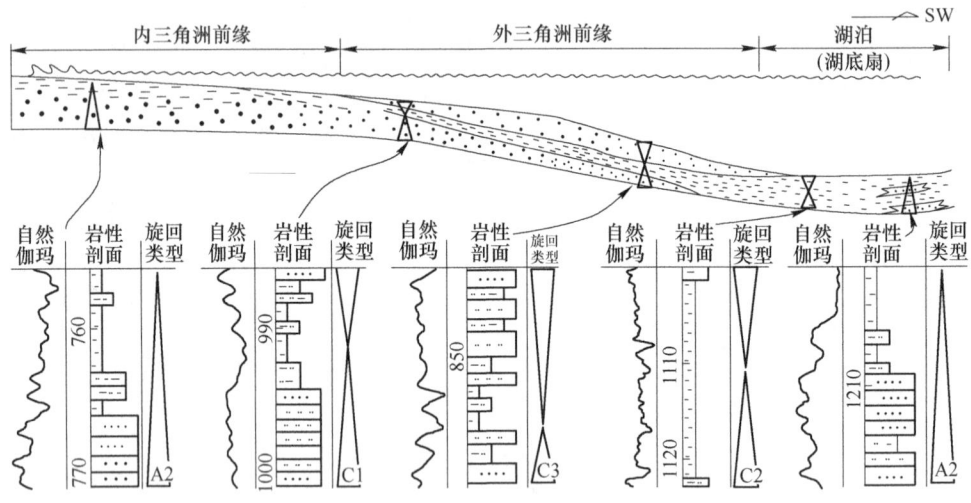

图 3-7   富县地区长 8 段基准面旋回结构和砂体成因类型分布模式

目标区东北部方向的三角洲前缘的骨架砂体为 A2 型水下分流河道砂体，水下分流河道以 NE-SW 向呈条带状分布，在横向上砂体为透镜状。该型砂体多形成于基准面旋回上升半旋回范围内，其形成条件是小于可容纳空间增加速率。其主要岩性由灰色或浅灰色细粒砂岩及中粒砂岩构成，砂体厚度多为 2~10m，发育正粒序沉积结构，同时发育有板状交错层理、槽状交错层理及平行层理，其测井曲线整体上呈现出微齿化钟型态势。

A2 型湖底扇砂体主要发育在研究区南部的中富 32 井和中富 28 井一带，其成因是由三角洲前缘滑塌所导致，它以岩屑长石杂砂岩及中细粒长石杂砂岩等岩石类型为主。在 C-M 图上，样品的点群平行于 C-M 基线，反映为重力流沉积特点。在钻井岩心的剖面结构上表现为递变层理中的正粒序结构，也就是鲍玛序列，存在有 D、E 段及 C、D、E 段等组合类型，经常缺失 A、B 等鲍马层序段。块状浊积岩一般厚度较大，在 0.4~1m 以上，由细砂岩、粉细砂岩及粉砂岩组成，顶部见少量薄层泥岩，砂/泥比值一般大于 3。当几个浊积砂体连续叠置沉积时，其累积厚度可达到 10m 以上。砂岩底部具有明显的底蚀面，见槽模、重荷模及火焰构造。由于湖底扇成因的优质储层在姬塬等地附近的大规模发现，应该特别重视目标区南部分布不多的湖底扇砂体，其极可能成为有潜力的勘探区块。

3.6 本章小结

（1）富县地区上三叠统延长组长 8 段主要发育 A2 型、C1 型、C2 型和 C3 型 4 种基准面旋回结构类型，长 8 段划分为 1 个长期、2 个中期（MSC1 和 MSC2）和若干个短期基准面旋回层序。

（2）两个中期基准面旋回的岩相古地理图表明：1）MSC1 期为湖盆扩张期，盆地北东构造平缓发育退积型浅水三角洲；盆地南西构造较陡，且受印支期构造活动影响，大量物源由西南方向快速搬运汇入湖盆，致使研究区南部发育大规模湖底扇；2）MSC2 期为沉积充填相对稳定期，盆地北东主要发育加积型三角洲；盆地西南构造活动相对减弱，研究区南部湖底扇逐渐萎缩。

（3）基准面旋回结构和砂体成因类型具有从研究区的东北至西南由内三角洲前缘 A2 型→外三角洲前缘 C1 型→外三角洲前缘 C3 型→半深湖 C2 型或湖底扇 A2 型的分布规律，最有利的储集砂体成因类型为 A2 型水下分流河道砂体和 A2 型湖底扇砂体，砂体顺物源方向的空间联通性好，有利于发育岩性圈闭。

4 鄂尔多斯盆地西南部中侏罗统直罗组储集砂体特征及聚砂成藏模式

　　鄂尔多斯盆地西南部中侏罗统直罗组是潜在的新勘探层系,勘探研究程度极低。在野外露头观测、岩芯观察、测井数据解释和显微薄片鉴定的基础上,通过古流向分析和古地貌恢复,确定古水系分布。在古地貌和古水系的约束下,基于500余口钻井的测井解释结果,确定8个亚段的砂体宏观分散体系和沉积相分布。结果表明:鄂尔多斯盆地西南部中侏罗统直罗组物源主要来自西南侧的西秦岭造山带。早期物源较强,沉积环境为辫状河-辫状河三角洲,形成了灰色厚层砂岩夹泥岩;晚期物源较弱,沉积环境转变为曲流河三角洲,以发育紫红色泥岩与砂岩互层为特征。直罗组砂岩储层以原生粒间孔为主,溶蚀孔次之,孔隙度为0.87%~31.20%(平均值为16.34%),渗透率为(0.13~53.70)×10^{-3}μm^2(平均值为17.83×10^{-3}μm^2),有效储层的孔隙度下限高于15%。直罗组沉积初期古地貌既控制了砂体的发育分布,又制约了有利储集砂体发育的优势部位及后来的油气运移的有利指向。潜在的油藏勘探目标包括古河道上游高地、中游汇水坡咀和下游河间丘等3种古地貌聚砂成藏模式。

　　鄂尔多斯盆地是一个大型含油气盆地,其内部构造相对简单,集油气、煤、铀共存一盆,是中国重要的能源盆地[43-45]。众多学者对鄂尔多斯盆地侏罗系油藏的控制因素及富集规律等进行过研究[46-47],但关于直罗组只有少量砂岩铀矿方面的研究[48],并且主要集中在东部和北部露头区[49-51]。由于以往的油气勘探层系锁定在直罗组的下伏地层,而埋藏相对较浅的直罗组油气地质研究几乎被忽视。最近,在鄂尔多斯盆地镇北地区的镇369井获得了工业油流,显示出浅层的直罗组具备油气勘探潜力。然而,鄂尔多斯盆地西南部直罗组地层厚度大,为了能够满足油气勘探的需要,急需综合已有的层段划分,开展精细砂体小层格架内的沉积相和有利储层发育规律研究。此外,有关直罗组沉积相的认识有辫状河、曲流河、三角洲等不同观点,这制约了对直罗组有利砂体发育分布规律的认识[52-56]。近年来,利用源汇系统作为研究思路对地表沉积动力过程展开分析[57],从而对砂体展布的约束进行研究取得了一些进展。基于鄂尔多斯盆地西南部的6个露头和5口钻井岩芯的观察和测量,并重新解释了研究区500多口钻井的测井数据,开展了物源、沉积相、古地貌、砂体分布和储层特征研究,提出古地貌约束下的源汇系统对有利砂体的控制模式,为油气新层系勘探预测提供支持。

4.1 区域地质概况

鄂尔多斯盆地总体构造形态近于矩形，为一东翼宽缓、西翼陡窄的南北向大向斜。镇北地区位于鄂尔多斯盆地西南部，西部边缘处于天环坳陷的西翼，为东倾单斜，整体表现为东高西低的面貌，但东部位于伊陕斜坡，为西倾单斜，在东西方向超过 70km 范围内落差近 400m，南北方向高差基本没有变化（见图 4-1）。由于受到秦岭板内造山作用产生的由南向北挤压应力及燕山期和喜山期北东向应力作用下形成一系列宽缓低幅的鼻状构造，在平面上成排发育，轴向大体相同，以东西向为主，微偏北西向。这些成排的鼻状构造是潜在的油气圈闭，单个构造的宽度为 5~10km，垂向构造幅度一般约为 20m。

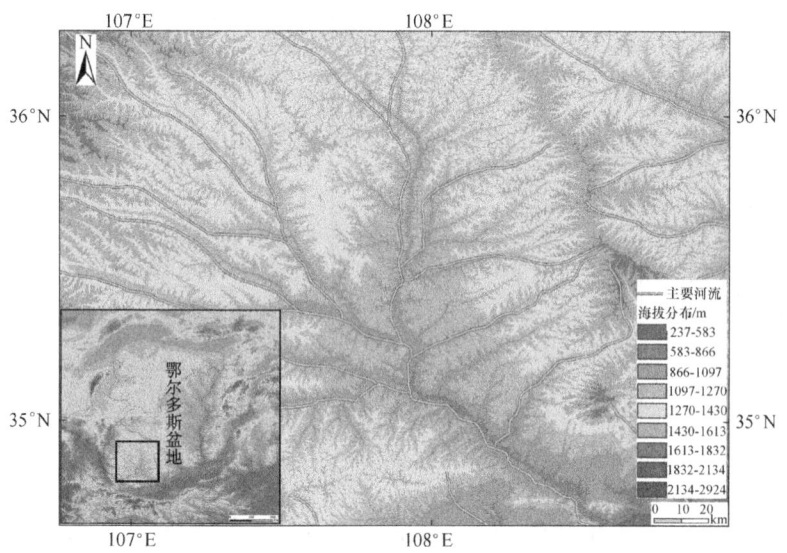

图 4-1 鄂尔多斯盆地西南部海拔分布

（Aster 数字高程数据，分辨率 30m/pixel）

晚三叠世末，受燕山运动第一幕的影响[58,59]，鄂尔多斯盆地抬升剥蚀，造成延长组顶部不同程度的缺失；早侏罗世，鄂尔多斯盆地由抬升剥蚀转为整体沉降，沉积了下侏罗统河流-湖泊三角洲相的富县组和延安组；至中侏罗世，燕山运动第二幕又使盆地短暂抬升后再次沉降，沉积了半干旱环境的直罗组和干旱环境的安定组；此后，盆地强烈抬升，造成上侏罗统的普遍缺失[52]。

鄂尔多斯盆地西南部中侏罗统直罗组地层厚度横向上比较稳定。部分地区底部受延安组顶部河谷地貌控制，高部位缺失最底部亚段；顶部受到后期抬升剥蚀和古河道的侵蚀使地层缺失，部分井缺失顶部亚段。通过钻井资料与下伏延安组的对比，直罗组并没有明显的凝灰岩和典型的煤层线来限定层位。主要根据测井的声波时差与自然伽马电位曲线变化特征，结合沉积旋回结构，将直罗组划分为4段和8亚段，如图4-2所示[52]。

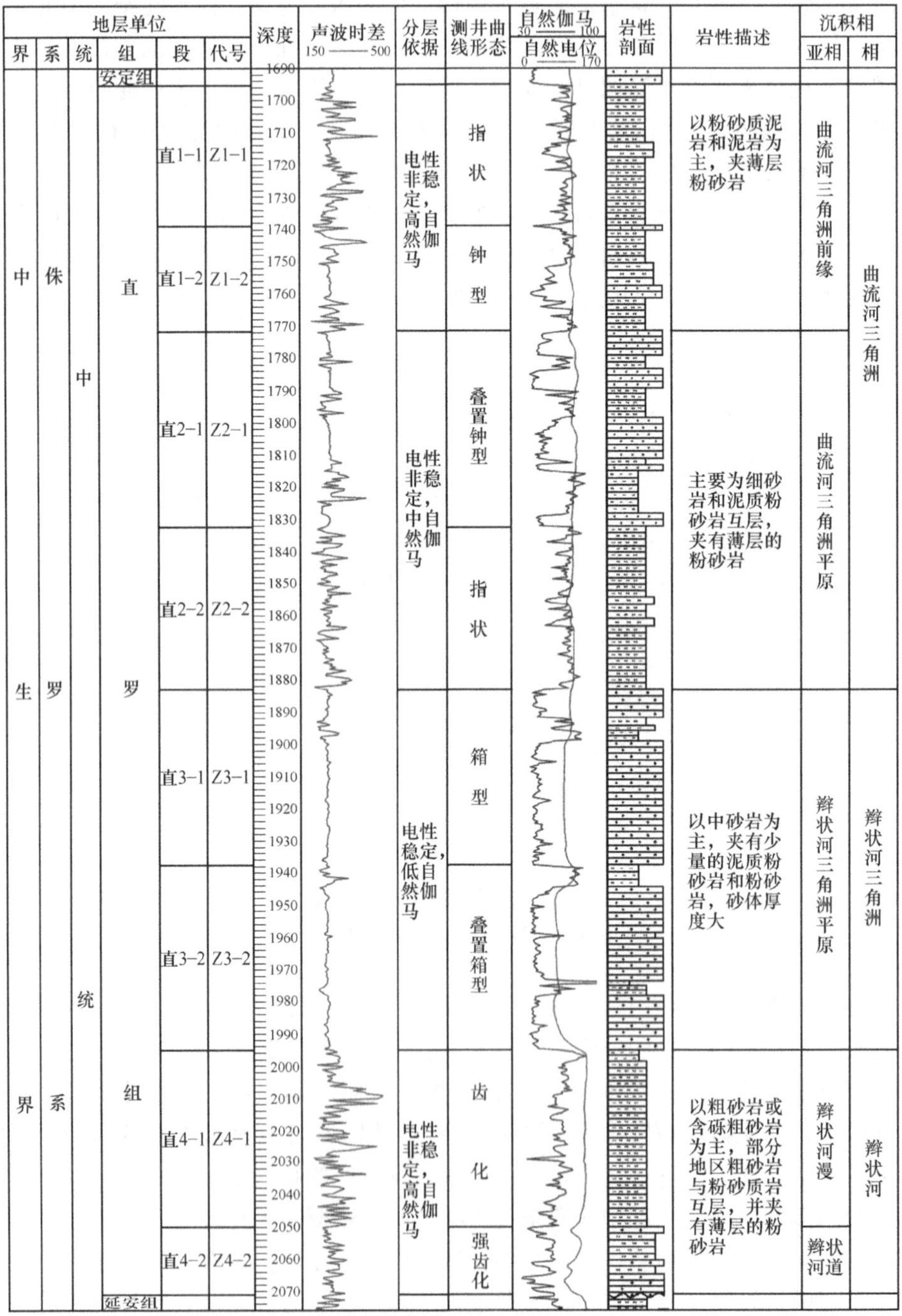

地层单位					深度	声波时差 150——500	分层依据	测井曲线形态	自然伽马 30 100 自然电位 0 70	岩性剖面	岩性描述	沉积相	
界	系	统	组	段	代号							亚相	相
				安定组									
中	侏	中	直	直1-1	Z1-1	1690 1700 1710 1720 1730 1740		电性非稳定，高自伽马	指状			以粉砂质泥岩和泥岩为主，夹薄层粉砂岩	曲流河三角洲前缘	曲流河三角洲
				直1-2	Z1-2	1750 1760 1770			钟型					
				直2-1	Z2-1	1780 1790 1800 1810 1820 1830		电性非稳定，中自伽马	叠置钟型			主要为细砂岩和泥质粉砂岩互层，夹有薄层的粉砂岩	曲流河三角洲平原	
	罗		罗	直2-2	Z2-2	1840 1850 1860 1870 1880 1890			指状					
生				直3-1	Z3-1	1900 1910 1920 1930 1940		电性稳定，低自伽马	箱型			以中砂岩为主，夹有少量的泥质粉砂岩和粉砂岩，砂体厚度大	辫状河三角洲平原	辫状河三角洲
		统		直3-2	Z3-2	1950 1960 1970 1980 1990			叠置箱型					
界	系		组	直4-1	Z4-1	2000 2010 2020 2030 2040 2050		电性非稳定，高自伽马	齿化			以粗砂岩或含砾粗砂岩为主，部分地区粗砂岩与粉砂质泥岩互层，并夹有薄层的粉砂岩	辫状河漫	辫状河
				直4-2	Z4-2	2060 2070			强齿化				辫状河道	
				延安组									

图4-2　鄂尔多斯盆地直罗组地层划分

4.2 源汇系统及其对砂体展布的约束

4.2.1 古流向对物源方向的指示

古流向测定是物源分析的一个重要手段。野外古流向数据来自研究区周缘的露头剖面，即东部的富县直罗镇剖面，南部的旬邑县崔家沟剖面、彬州市水北沟和蓓子沟剖面，东南部的铜川市沙窑子剖面。对每个剖面的直罗组开展了槽模、交错层理等具有古流向意义的数据采集，每组数据包括该沉积构造倾向（流向）和地层产状。最终结果揭示直罗组古流向集中在 45°～350°，如图 4-3 所示，即古河道流向主要方向为 N-NE 向，指示出研究区河流-三角洲沉积物的物源来自西南侧的造山带。根据当时的大地构造背景，物源区位于西秦岭造山带。

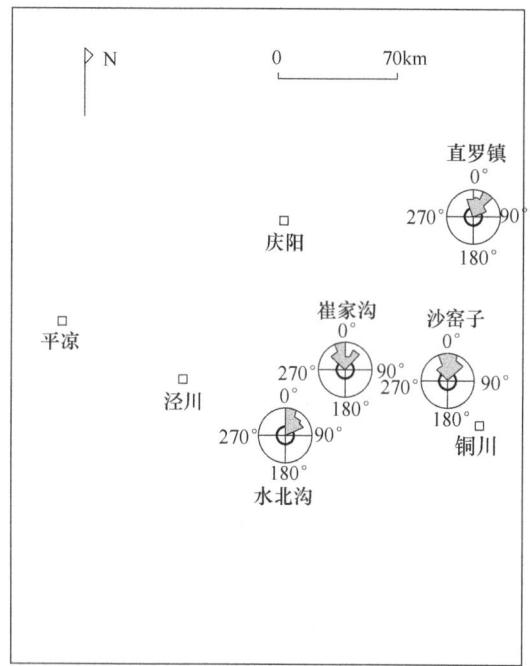

图 4-3　研究区直罗组古流向

4.2.2 古地貌对汇水体系的指示

早侏罗世晚期的延安组沉积后，构造抬升作用造成其顶面被河道侵蚀，形成的古地貌对直罗组地层和储集砂体展布具有明显的控制作用。本章通过印模法恢复了直罗组沉积前古地貌[60]（见图 4-4）。由于直罗组顶部部分地区地层有所缺失，因此印模法采用的数据是直罗组中部的一个普遍发育岩性岩相转换面以下的地层厚度。该界面几乎在所有钻井都能找到，是下部辫状河三角洲体系向地势平缓的曲流河三角洲体系转换的界面，是一个良好的参照面。

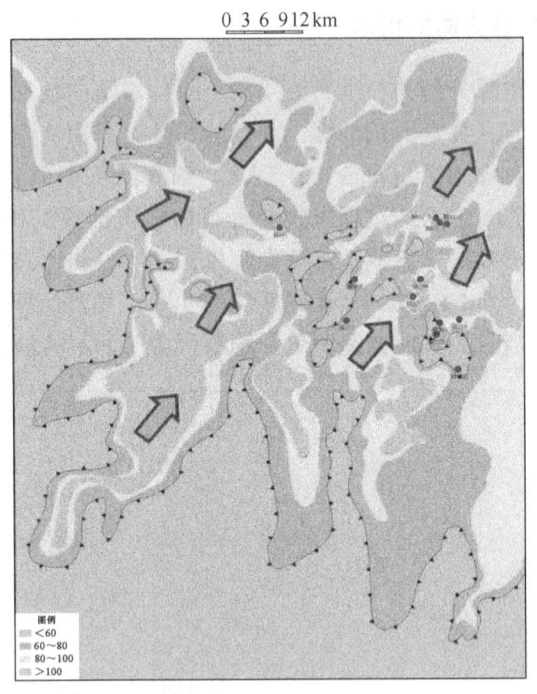

图 4-4 直罗组沉积前古地貌图及河流指向

沉积前古地貌很好地反映了延安组沉积期末构造抬升期间古河流侵蚀而成的沟谷地貌[61]，古河流持续的下切作用对延安组顶部地层造成不同程度的侵蚀。形成的延安组顶部古地貌由高地、古隆起斜坡、三级古河谷等地貌单元组成，表现为由西南部高地向东北方向延伸的并行排列分支河谷，至盆地内部沟谷交错。古河道延伸方向很好地指示了直罗组物源来自研究区西南侧。直罗组是延安组顶面古地貌约束下的古水系所形成的沉积物，是对该沟谷地貌的充填补平过程。因此，这一河谷地貌约束了直罗组的沉积相分布、地层厚度变化、砂体优势发育部位。受古地貌及沉积环境的控制，前期下切形成的河谷地带一般含河床滞留砾石，砂岩层厚，底部常含砾石；缓斜坡的凸岸带发育边滩相砂岩，砂体厚度中等，分选较好。

4.2.3 古流域对砂体展布的制约

通过物源和古地貌水系的约束，基于 500 余口钻井的测井解释数据统计，编制了直罗组8个亚段的砂层厚度平面图及砂地比平面图。这些图很好地揭示了当时的流域分布特征。根据优势相法则，对各井段的砂体厚度和砂地比进行了沉积相单元边界的标准界定（见图4-5），从平面上刻画了各亚段的流域分布和砂体发育规律。总体上，研究区直罗组沉积期河流-三角洲体系发育5、6条SW-NE向分流河道，各沉积期河道受古地貌约束呈条带状分布，继承性较强，体现了由下部辫状河三角洲形成的厚层叠置粗砂岩段向上部曲流河三角洲成因的砂泥互层段的转换（见图4-6）。

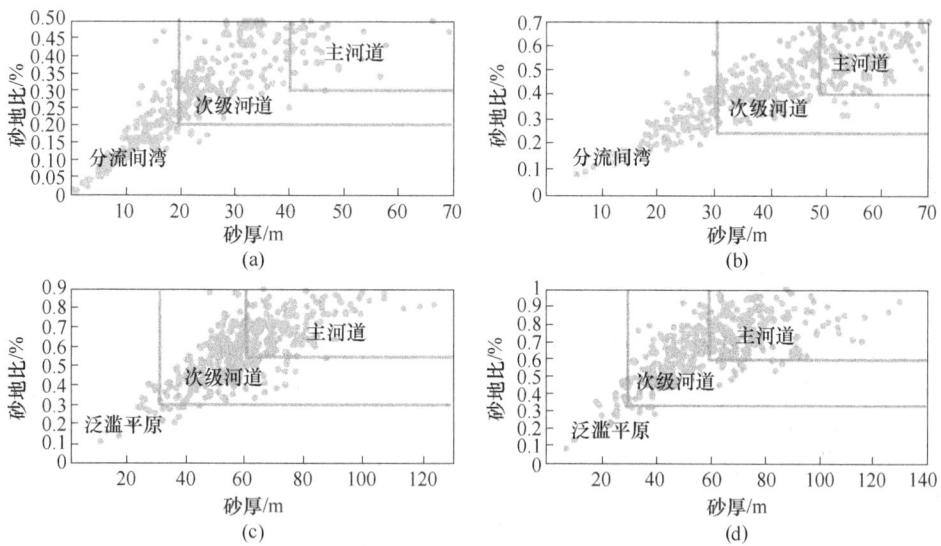

图4-5 直罗组优势沉积相单元边界界定标准

（a）直1优势相砂地比与渗砂层厚度关系离散图；（b）直2优势相砂地比与渗砂层厚度关系离散图；
（c）直3优势相砂地比与渗砂层厚度关系离散图；（d）直4优势相砂地比与渗砂层厚度关系离散图

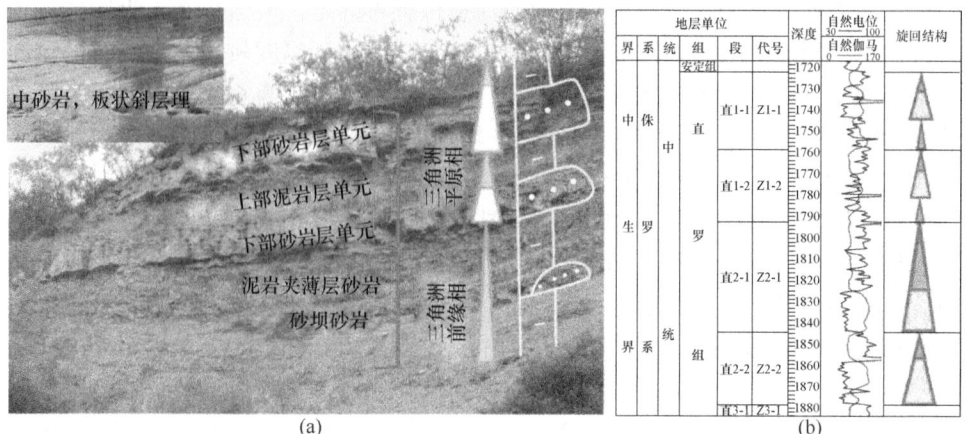

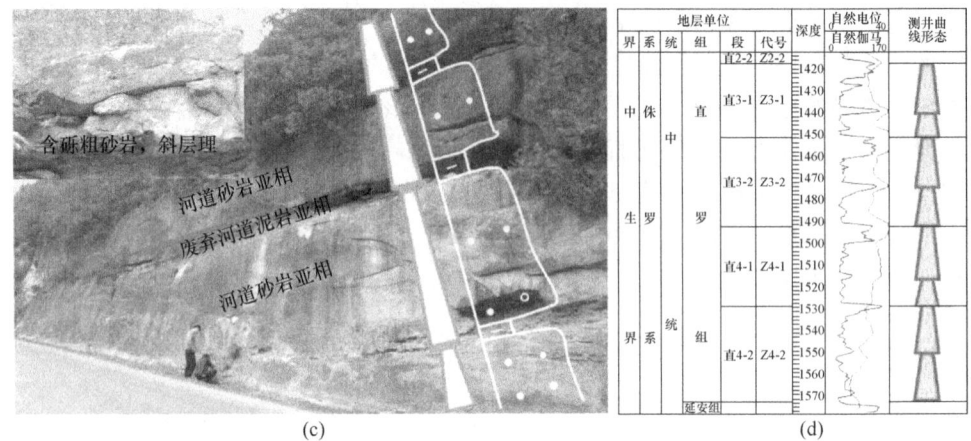

图 4-6   沉积相单元边界的标准界定

（a）直罗组上部直 2 段多个砂泥旋回（直罗镇），曲流河三角洲的剖面结构；

（b）正粒序"钟型"结构（演 235 井）；（c）直罗组下部直 4 段叠置的厚层砂体（直罗镇），

辫状河三角洲平面的剖面结构；（d）均一"箱型"结构（镇 17 井）

    直 4 段沉积期是湖盆第一沉积期[52]（见图 4-7（a）和图 4-7（b）），物源多来自西南侧的西秦岭造山带，研究区由西南向东北方向发育辫状河和辫状河三角洲平原。辫状河道多以粗砂岩为主，泥质含量较低，粗砂岩粒径粗大。主河道砂体厚度为 60.5~118.0m，平均值为 77.67m，砂地比为 0.6~1.0，平均值为 0.72；次河道砂体厚度为 30.5~60.0m，平均值为 47.37m，砂地比为 0.32~0.60，平均值为 0.42。河道末端为泛滥平原环境形成的粉砂质泥岩及泥质粉砂岩互层。辫状河三角洲平原中常见分流河道形成的冲刷面，河道侧向迁移形成的大中型板状交错层理、槽状交错层理也非常普遍。

    直 3 段沉积期[52]如图 4-7（c）和图 4-7（d）所示，沉积物源来源减少。研究区东北方向发育辫状三角洲平原，河道位置不固定，河道分叉汇聚频繁；西南方向辫状河道沉积数量增多，但河道较窄，砂体累计厚度较之前变小，河道与河道之间多见心滩，为典型辫状河沉积。主河道砂体厚度为 60.5~124.0m，平均值为 70.73m，砂地比为 0.55~0.90，平均值为 0.68；次河道砂体厚度为 30.5~60.0m，平均值为 44.00m，砂地比为 0.30~0.55，平均值为 0.37。

    直 2 段沉积期[52]如图 4-7（e）和图 4-7（f）所示。随着早期河谷被填充补齐和周缘造山作用的减弱，镇北地区沉积环境由辫状河三角洲转为曲流河三角洲。其主河道砂体厚度为 50.5~70.0m，平均值为 65.50m，砂地比为 0.4~0.7，平均值为 0.50；次河道砂体厚度为 31.5~50.5m，平均值为 42.74m，砂地比为 0.25~0.40，平均值为 0.31。同时，研究区气候伴随着盆地沉降的过程也经历了转变：由早期的温暖湿润气候转变为中晚期的干旱-半干旱气候，沉积环境以近物源为主，并伴有氧化环境下的紫红色泥岩[62]。研究区中部地带为曲流河三角洲前缘，水下分流河道与水下分流河道间湾交替发育，水下分流河道岩性主要是以细砂及粉砂岩为主，水下分流河道间湾主要以粉砂质泥岩为主。

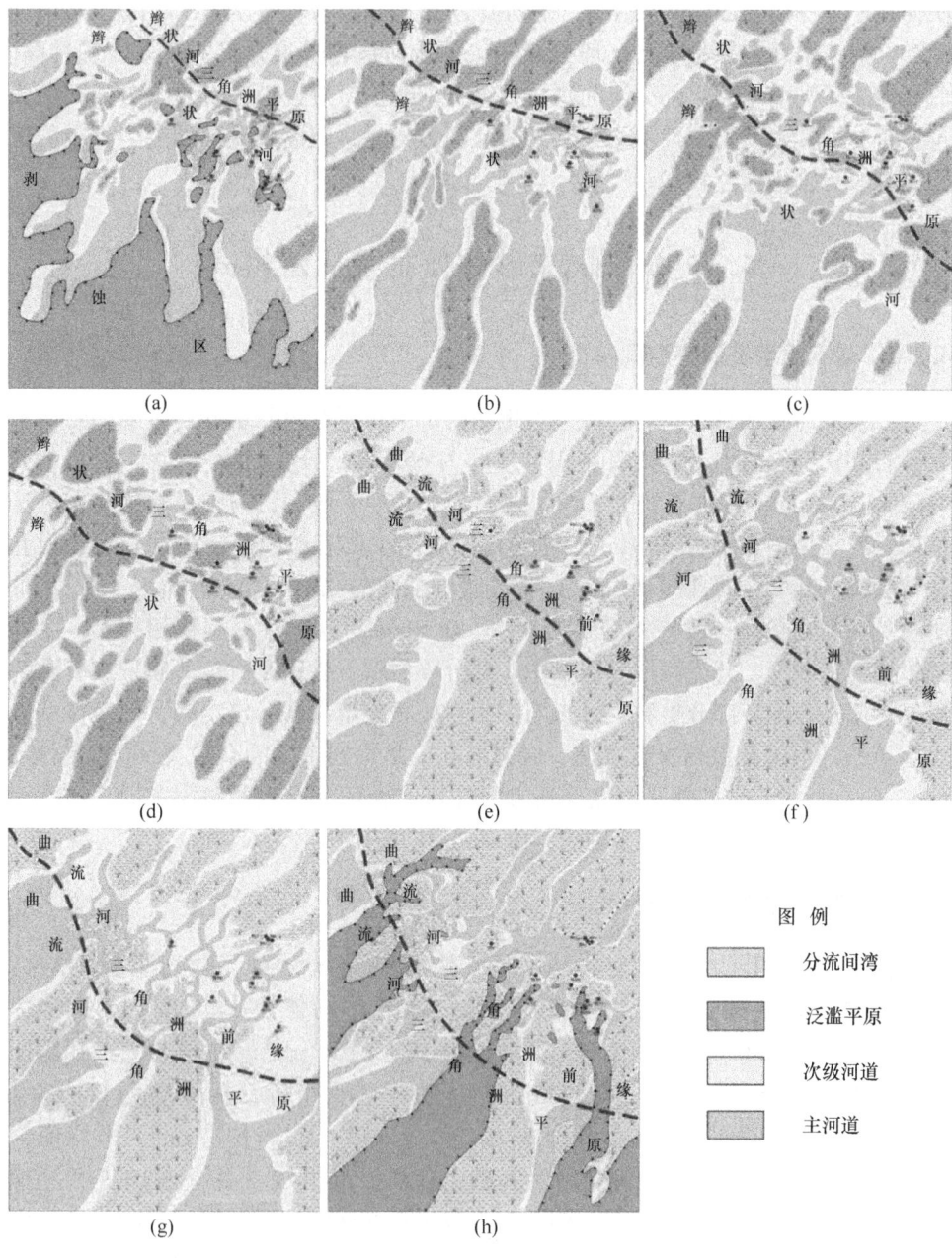

图 4-7 直罗组 8 个亚段沉积相

(a) 直 4-2；(b) 直 4-1；(c) 直 3-2；(d) 直 3-1；(e) 直 2-2；(f) 直 2-1；(g) 直 1-2；(h) 直 1-1

直 1 段沉积期[52]如图 4-7（g）和图 4-7（h）所示。随着构造背景的不断演化，相应的气候更加干旱[54]，物源供给逐渐减少，河道逐渐变短变薄。主河道砂体厚度为 40.5~68.0m，平均值为 51.74m，砂地比为 0.3~0.5，平均为 0.43；次河道砂体厚度为 20.5~40.0m，平均值为 33.02m，砂地比为 0.2~0.3，平均为 0.25。河流水动力能量不足，河漫滩相、分流河道相普遍发育，泥质含量增高。曲流河三角洲前缘的水下分流河道从前缘推向湖泊时慢慢消失。水下分流河道大量发育，因其水动力条件不足，水下分流河道的运移距离相比前期近，携带的沉积物粒级更细且颜色较深。

4.3 有利储集砂体特征及成藏模式

4.3.1 岩石类型及储集空间特征

显微薄片鉴定显示，鄂尔多斯盆地西南部中侏罗统直罗组砂岩主要为岩屑石英砂岩和长石岩屑砂岩，石英体积分数约为 65.0%，长石约为 4.8%，岩屑约为 29.2%，黑云母和绿泥石约为 1.5%。粒径为 0.3~1.0mm，为中粗粒结构，分选较好，胶结类型为接触-孔隙式。储层孔隙类型主要有粒间孔、溶蚀孔、铸模孔和破裂缝，其中粒间孔是研究区直罗组储层主要的孔隙类型如图 4-8（a）~（d）所示。粒间孔孔径一般较大，多为 0.05~0.10mm，其发育受沉积相控制，主要分布在河道砂坝、分流河道等微相中。部分碎屑颗粒被绿泥石包薄膜形成孔隙衬里保护原生孔隙，部分被石英、长石等次生矿物充填占据一定空间，孔隙度一般小于 20%。溶蚀孔包括长石溶孔、岩屑溶孔，是第二主要的孔隙类型，如图 4-8（e）~（g）所示。破裂缝是刚性碎屑颗粒在压实作用下产生的破裂空间，该类型对提高渗透率具有积极意义，如图 4-8（h）~（i）所示。

4.3.2 储集砂体物性特征

根据 5 口钻井的岩芯砂岩样品及周缘野外露头的砂岩样品的物性测试结果，直罗组砂岩储层的孔隙度为 1.62%~26.58%，平均值为 15.51%；渗透率为（0.1161~126.2636）×10^{-3} μm²，平均值为 18.9×10^{-3} μm²。在岩芯测试孔隙度的约束下，对研究区内约 300 口井进行了测井物性解释，孔隙度为 0.87%~31.20%，平均值为 16.34%，渗透率为（0.13~53.70）×10^{-3} μm²，平均值为 17.83×10^{-3} μm²。以岩芯分析资料为基础，以铜川市桐 01-2 井、桐 01-3 井和桐 02-3 井的试油试采资料为依据，确定了直罗组潜在油藏有效厚度储层的物性和电性标准。根据试油和试水资料，以有产出层的测井响应特征为标准来识别储层，得出储层的物性下限标准为孔隙度（ϕ）大于 15%、电阻率（Rt）大于 25Ω·m。

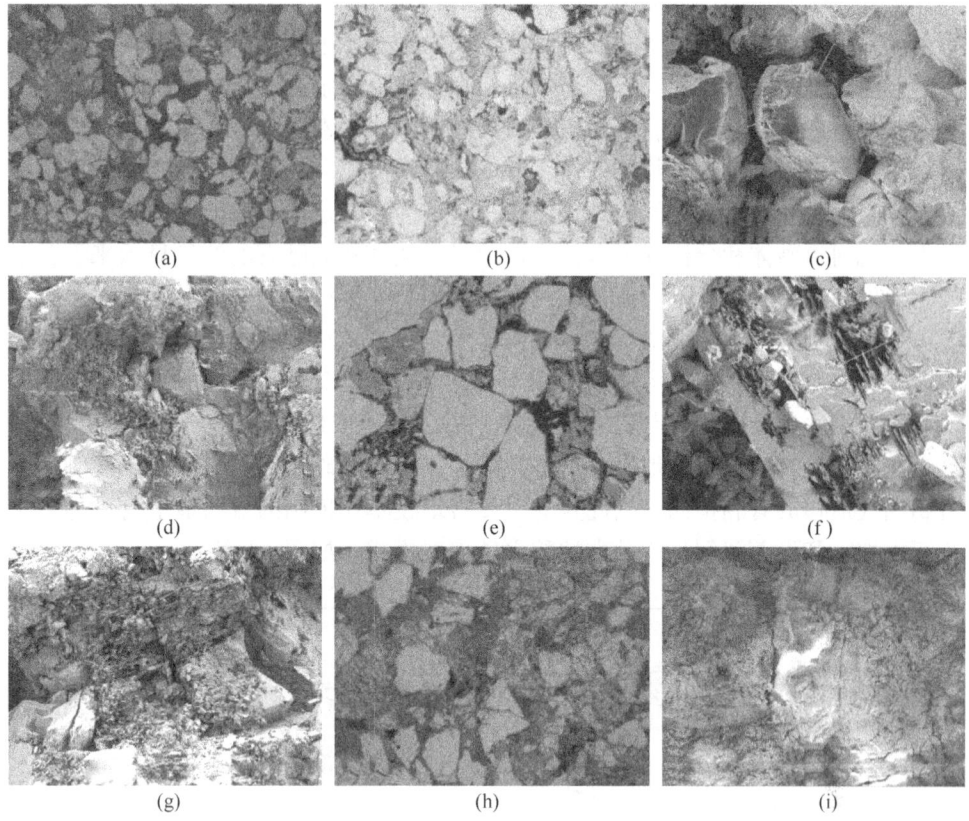

图 4-8 直罗组砂岩储层孔隙特征

（a）粒间孔，水北沟剖面，SBG-ZL-05#，单偏光；（b）粒间孔，沙窑子剖面，SYZ-ZL-04#，单偏光；
（c）石英颗粒间孔隙保存较好，里 81#，1253.7m，SEM；（d）崔家沟剖面，ZL-01#，黏土矿物充填
部分粒间孔的 SEM，溶蚀扩大（×500）；（e）粒间孔溶蚀孔，直罗镇剖面，ZLZ-ZL-01#，单偏光；
（f）颗粒溶蚀孔，长石颗粒溶蚀孔缝的 SEM，里 181#，1253.2m；（g）强烈溶蚀的残余长石颗粒的 SEM，
里 181#，1253.2m；（h）沿裂缝溶蚀的破裂缝，蓓子沟剖面，BZG-ZL-01，4X-；（i）石英颗粒微
裂缝，水北沟剖面的 SEM，SBG-ZL-02#，（×250）

4.3.3 古地貌约束下的聚砂成藏模式

延安组上部层段遭受风化剥蚀和河流侵蚀作用，形成了沟壑纵横的古地貌，在地形上表现出西南高、东北低的大型含沟谷斜坡。其古地貌单元主要包括高地、河谷、斜坡带、河间丘、阶地等（见图 4-4）。河流切割形成的古地貌对砂体展布具有明显的影响。恢复的古地貌与砂体分布的对应关系揭示，河谷地带的砂体为厚层块状，常见滞留砾石，沿下斜坡的凸岸为边滩发育区。沉积相分析显示，直罗组以发育三角洲沉积为主，并且具有下部强物源供给的辫状河三角洲富

砂，上部弱物源供给的曲流河三角洲富泥的特征。下部富砂段，砂体巨厚，缺乏有利的直接性盖层，因此，很可能以含水为主；上部曲流河相以二元结构发育，下单元河道砂体与上单元河漫滩泥岩构成良好的储盖组合。储集砂体上覆及侧向的泥岩可形成油气的遮挡，从而形成岩性圈闭，或岩性与鼻状构造共同构成复合圈闭。物性较好的储集砂体被物性较差的分流间湾泥岩或者泥质粉砂岩、粉砂质泥岩所阻隔，使得砂岩岩性成透镜体尖灭，成为油气运移聚集的有利场所，特别是主分流河道砂体和分流河道砂体交汇地带。从该地区已有的油气显示来看，油藏主要发育在直罗组上部曲流河三角洲沉积向上变细结构的砂体中。

从下伏延安组油气勘探经验来看[53,54]，围绕古地貌中的河间丘、两河交汇的坡咀、古斜坡（边滩）钻探发现侏罗系油藏 30 余个，并建成一批新油田。从现有直罗组底部的含油井与古地貌关系来看，与延安组类似[63,64]，含油井一般分布在河间丘、坡咀、高地上。古地貌既控制了有利砂体的发育分布，又制约了后期油气运移的有利指向。据此建立了受古地貌单元控制的古河道上游高地、中游汇水坡咀和下游河间丘 3 种古地貌聚砂成藏模式，如图 4-9 所示。

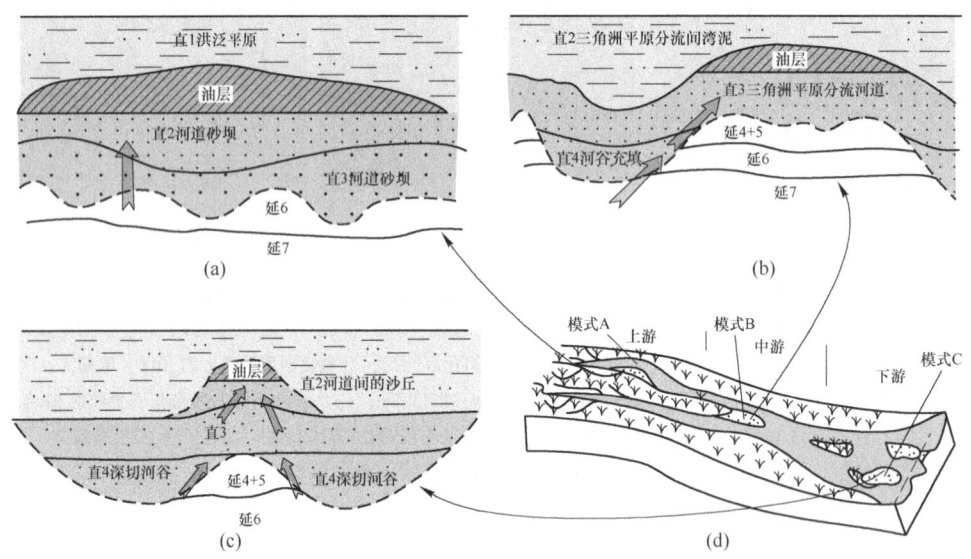

图 4-9   中侏罗统直罗组古地貌聚砂成藏模式图
（a）古河道上游高地汇砂成藏模式；（b）古河道中游坡咀汇砂成藏模式；
（c）古河道下游河间丘汇砂成藏模式；（d）古地貌下切河流示意

受构造抬升作用的影响，古河道上游高地地势较平缓，水系支流多，河道较小，下切作用较弱，整个高地以面状侵蚀为特征，延安组顶部侵蚀可达延 6 段。物源区汇流成河后，大量沙子在河道凸岸卸载堆积，并侧向迁移充填早期河谷，形成大套砂岩，砂岩成熟度相对较低（见图4-9（b））。古河道中游通常是多个古河道汇合成大河道，河道下切现象明显，河谷处下切至延7段，在河间一般只侵蚀到延4段。在两条河道汇合的坡咀处，流速骤减，砂质沉积物卸载堆积成砂咀，形成类似背斜构造的古地貌岩性圈闭，有利于后期油气运聚成藏（见图4-9（c））。河道进入下游盆地边缘后，早期地貌残留的残丘进一步降低流速，砂质沉积物往往堆积在地貌残丘上而形成河间丘。一般来说，河间丘的规模相对较小，砂岩粒度较细（见图4-9（d））。由于鄂尔多斯盆地长期处于构造稳定状态，因此优势聚砂部位在埋藏过程中经历的构造改造不强，依然继承了古地貌的基本形态，即保持了有利油气聚集的古地貌圈闭。

4.4　本章小结

（1）古流向和古地貌分析显示，鄂尔多斯盆地西南部中侏罗统直罗组物源方向主要为NW-NE向，根据当时的大地构造背景，物源区位于西秦岭造山带。早期物源较强，形成了灰色厚层砂岩夹泥岩；晚期物源较弱，以紫红色泥岩与砂岩互层为特征。直罗组是受延安组顶面的沟谷地貌约束而形成的沉积相带。

（2）通过物源和古地貌水系的约束，鄂尔多斯盆地西南部中侏罗统直罗组沉积期河流—三角洲体系发育5、6条SW-NE向分流河道，各沉积期河道受古地貌约束呈条带状分布，继承性较强。下段的沉积环境为辫状河-辫状河三角洲，以巨厚砂体为优势相；上段转变为曲流河三角洲沉积，形成厚度中等的砂泥旋回。

（3）通过分析源汇系统对砂体展布的约束，表明直罗组沉积期古地貌背景既控制了砂体的发育分布，又制约了有利储集砂体发育的优势部位和后期油气运移的有利指向。未来的勘探目标主要有受古地貌单元制约的上游高地、中游汇水坡咀和下游河间丘3种油藏。

5 鄂尔多斯盆地北缘太原组物源
分析及其构造意义

  鄂尔多斯盆地太原组作为盆内重要的含煤地层历来备受学者关注，现今针对鄂尔多斯盆地北缘太原组聚煤作用的相关理论已经成熟，但对煤层气、页岩气、致密砂岩气等煤系非常规天然气（煤系气）、煤系伴生稀有金属的研究仍处于发展阶段，针对鄂尔多斯盆地北缘太原组煤系气的研究仍处于起步阶段[65-68]。鄂尔多斯盆地内部煤炭及煤系共伴生矿产资源丰富，但煤系共伴生金属矿产尤其是其中的稀有金属矿产资源利用率低，多处于研究阶段[69]。针对鄂尔多斯盆地北缘太原组进行物源分析，有利于厘清盆地北缘太原组沉积过程和晚石炭世-早二叠世古地理格局，为煤系气和煤系伴生稀有金属的勘探和开发提供科学依据。

  以位于华北克拉通西部、兴蒙造山带南缘的沉积盆地——鄂尔多斯盆地北缘的太原组作为主要研究对象，系统地开展地层学和沉积学研究工作，分析其包含西伯利亚板块和华北板块之间离散、聚敛和碰撞造山过程中的信息。针对鄂尔多斯盆地北缘太原组，选取了宁夏沙巴台、鄂尔多斯下城湾和包头阿刀亥的太原组地层进行了详细分析（见图5-1（a）），其中沙巴台区域位于石嘴山市惠农区西北约15km（见图5-1（b）），下城湾区域位于清水河县境内（见图5-1（c）），阿刀亥区域位于土默特右旗境内（见图5-1（d））。利用地层对比、沉积环境分

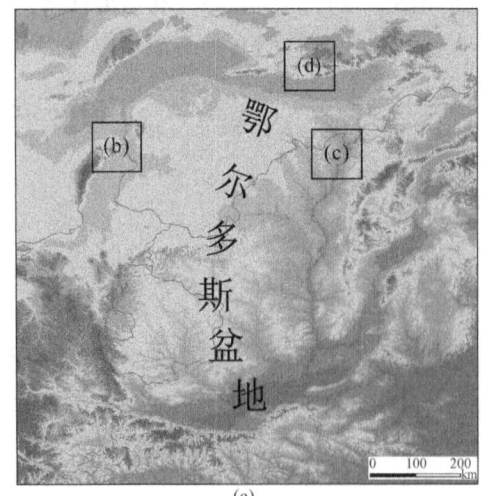

(a)

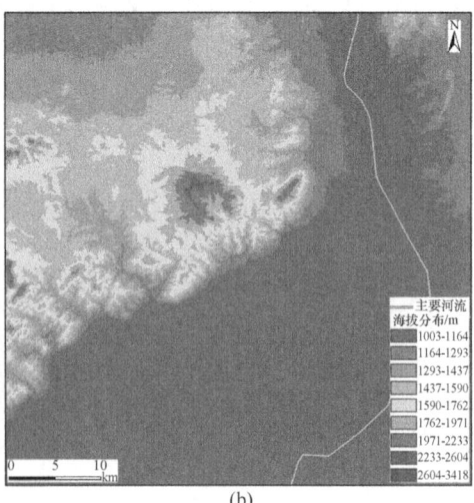

(b)

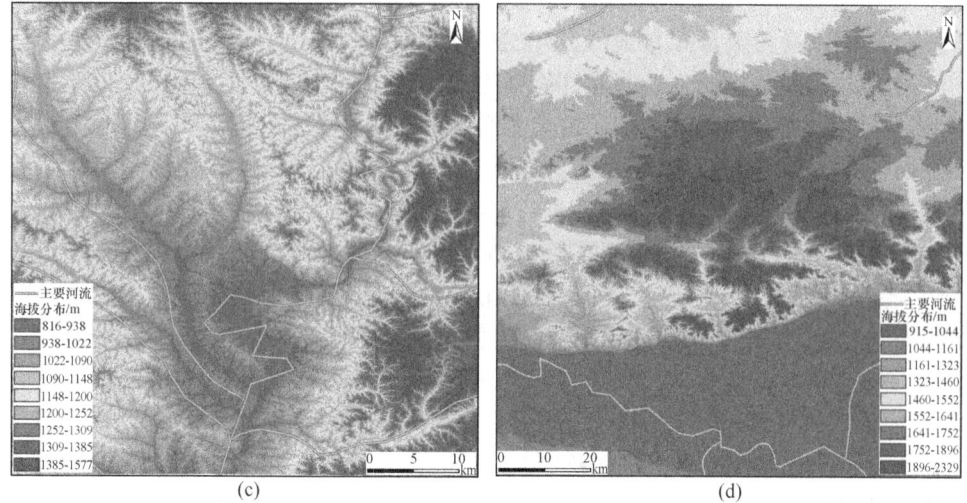

图 5-1　鄂尔多斯盆地北缘太原组位置及海拔分布
（Aster 数字高程数据，分辨率 30m/pixel）
（a）鄂尔多斯盆地盆地整体轮廓；（b）石嘴山沙巴台区域；
（c）清水河下城湾区域；（d）土默特左旗阿刀亥区域

析和物源分析等手段，探讨鄂尔多斯盆地北缘典型且完整、连续的太原组的沉积过程。在此基础上，讨论该时期鄂尔多斯盆地北缘古地理格局与沉积环境的关系，分析鄂尔多斯盆地太原组沉积过程与华北克拉通北缘构造演化过程间的耦合关系，为鄂尔多斯盆地能源勘探开发提供科学依据。

5.1　地质背景及研究现状

5.1.1　物源分析方法研究现状

19 世纪 70~80 年代，Ludwig、Meunier 等学者[70-73]首次尝试了物源分析，学者们仅运用普通显微镜对海滩、河滩上的砂体内的副矿物和古老地层内沉积物中的副矿物的形态特征进行观察，推断出了物源区应有的特征。20 世纪 50~60 年代，Hopkins 大学的 Pettijohn 和 Potter 推动了物源分析的进展，即由对单一矿物的研究转向对沉积作用、岩相及古地理环境等的研究，其成果主要集中于 Pettijohn 的《沉积岩》[74]及《古流与盆地分析》[75]中。20 世纪 70~80 年代，常规的地球化学分析手段开始被运用于物源分析[76-78]，将沉积岩的主要岩石特征与大地构造环境结合，聚焦于沉积岩的碎屑组分统计，绘制出许多物源区属性判别图，如著名的 Dickinson[78-81] 和 Bhatia[82-85] 三角图解及相关模式图。

20 世纪 90 年代，科学技术的发展推进了物源分析的进程[75,77,86]。Basu 利用 Sr-Nd 同位素和微量元素地球化学分析方法对亚马孙前陆盆地河流砂进行分析，揭示了安第斯山脉造山过程中岛弧岩浆岩的演化过程[87]。Ball 对犹他州东北部和科罗拉多州西北部的新元古代尤塔山群砂岩、页岩进行钕同位素和微量元素测定，以此确定该区硅质碎屑的来源[88]。Rodrigues 对 Algarve 盆地上三叠统 Silves 砂岩内的磷灰石、碎屑锆石进行 U-Pb 定年，探讨盆地物源[89]。

Rittner 运用 U-Pb 定年和重矿物分析对塔里木盆地内的沉积物进行统计，得出了昆仑山南部、喀喇昆仑山和阿尔金山是盆地的优势物源供给区，而天山北部对塔里木盆地沉积过程影响较小[90]。现今，离子探针、电子探针、质谱技术、阴极发光、同位素测年等手段已被广泛的运用于物源分析[91-94]，物源分析已走向更加科学的定量化分析方向。

20 世纪 80 年代以来，张国栋[95] 对苏北阜宁群岩石薄片进行了详细的镜下鉴定，利用分析结果对其物源进行探讨。苟汉成[96] 通过对野外沉积特征、古水流及重矿物的分析研究了滇黔桂浊积岩的物源区特征。刘宝珺[97] 详细介绍了古水流的野外测量和室内校正方法。秦建华[98] 运用岩相古地理、岩石地球化学、碎屑组分统计及数学地质等多种物源判定方法讨论了陆源碎屑重力流沉积的物源区。朱玉磷[99] 利用 Bhatia 三角图解、重矿物及地球化学等手段研究了浊积岩中杂砂岩的母岩特征。牟传龙[100] 运用 Dickinson 三角图解、古水流及常量元素对南盘江盆地浊积岩的物源区进行分析。此后，许多学者[101-107] 利用包括数学地质、碎屑组分分析、重矿物分析、地球化学分析等多种手段进行了物源分析。

目前，同位素地质年代学、阴极发光技术等被应用于物源分析。谢智[108] 利用 Sm-Nd 同位素对大别造山带变质岩和花岗岩进行物源区分析。随后胡恭任[109] 利用 Sm-Nd 同位素分析了赣中变质基底的物质来源。朱茂旭[110] 利用 Sr、Nd、Pb 同位素特征得出了东江口岩体群的主要物源。李祥辉[111] 通过 Dickinson 三角图解、地球化学和阴极发光方法对朗杰学群进行了物源分析。此后，同位素测年也从 Sm、Nd、Pb 发展到了包括 U-Pb 法、Rb-Sr 法、Ar-Ar 法、Hf 同位素在内的多种物源分析方法[112-119]。多数学者采用多种物源分析技术综合分析的方法来规避单一的物源分析技术带来的误差[120-126]。

5.1.2　鄂尔多斯盆地北缘物源分析研究现状

最早的针对鄂尔多斯盆地方面的研究可以追溯到第三普查大队对盆地的地质调查。21 世纪初长庆油田对盆地北部上古生界的大力勘探又极大地推动了相关地质工作的进展。周安朝[127-129] 率先对大青山煤田晚古生代砾岩做了系统研究，得出了各期砾岩的母岩性质及其物源与北侧的再旋回造山带密切相关的结论。陈洪德[13,130]、侯中健[131]、汪正江[132-133] 对盆地的沉积环境演化、层序地层的划分、沉积体系的划分等方面做了系统研究。

许多学者运用各种物源分析方法对鄂尔多斯盆地北缘各地层进行了研究。魏红红通过对沉积体系、沉积相带、砂体展布特征等多方面的研究得出上石炭统-下二叠统太原组沉积期,受中央古隆起影响,东西分带明显;早二叠世山西期-中二叠世下石盒子期东西分带差异转为了南北差异,秦岭古陆、六盘山也开始为盆地南缘提供物源,是次要物源供给区[134]。此后,关于盆地北部晚古生代物源东西分异的研究逐渐增多。多数学者认为盆地西缘的物源来自阿拉善古陆与阴山造山带西段[120,135-137]或来自阿拉善古陆[137],少数学者认为物源来自桌子山、贺兰山。盆地西缘与盆地中部、东部物源区明显不同的认识得到了广泛的认同,后者的物源主要来自阴山古陆。而且,中部与东部也存在分带性,王国茹[136]、林孝先[120]认为盆地中部的物源来自阴山造山带中西段即现今的色尔腾山、乌拉山地区,而东部的物源来自大青山。多数学者认为盆地北缘中部的物源区为阴山造山带,且带内的前寒武纪变质基底提供了主要物源。由于存在苏里格气田、乌审旗气田等气藏,鄂尔多斯盆地内的物源分析多集中在储气层山西组-下石盒子组,对太原组进行的物源研究不多[136-139],多采用古流向、重矿物等沉积学方法,未能准确指出物源区位置,其余针对太原组的研究多集中于沉积体系、聚砂规律、层序结构等方面[38,140,141]。利用沉积学方法,结合同位素年代学、微量元素地球化学手段分析盆地北缘太原组物源区势在必行。

5.1.3 鄂尔多斯盆地北缘构造单元划分及演化

鄂尔多斯盆地被阴山、秦岭、桌子山、贺兰山和吕梁山环绕,面积达 37 万平方千米。盆内地势平缓,为一南北翘起、东缓西陡的不对称单斜。盆地北缘现存 6 个构造单元,即伊盟隆起、河套地堑、西缘逆冲带、天环坳陷、陕北斜坡和晋西挠曲带如图 5-2 所示。伊盟隆起内发育鄂尔多斯盆地最古老的结晶基底,即 3.2~1.7Ga 的集宁群、乌拉山岩群、渣尔泰山群、五台群和中条群,结晶基底之上发育古生界和中生界地层,受结晶基底控制,现今为一北高南低,东高西低的西南倾大型单斜构造[146],如图 5-3 所示。中部的受加里东运动影响形成的泊江海子断层纵贯东西,断层以北,古生界地层直接发育在太古界结晶基底之上,以南则与奥陶系马家沟组、寒武系和中元古界不整合接触。许多学者认为中元古代-中晚石炭世伊盟隆起北部继承了结晶基底的隆起形态处于剥蚀状态[16,142-146],因而缺失中新元古界-下古生界地层,剥蚀状态至晚石炭世结束,隆起区开始接受沉积,形成本溪组、太原组地层。但乔建新[147]认为本溪期-太原期伊盟隆起处于剥蚀状态,为鄂尔多斯盆地北缘提供物源,山西期-石千峰期伊盟隆起开始接受沉积,刘正宏[148]在石合拉沟发现的侏罗纪逆冲推覆构造指明了伊盟隆起当时处于挤压环境并伴随有构造抬升和地层剥蚀事件。

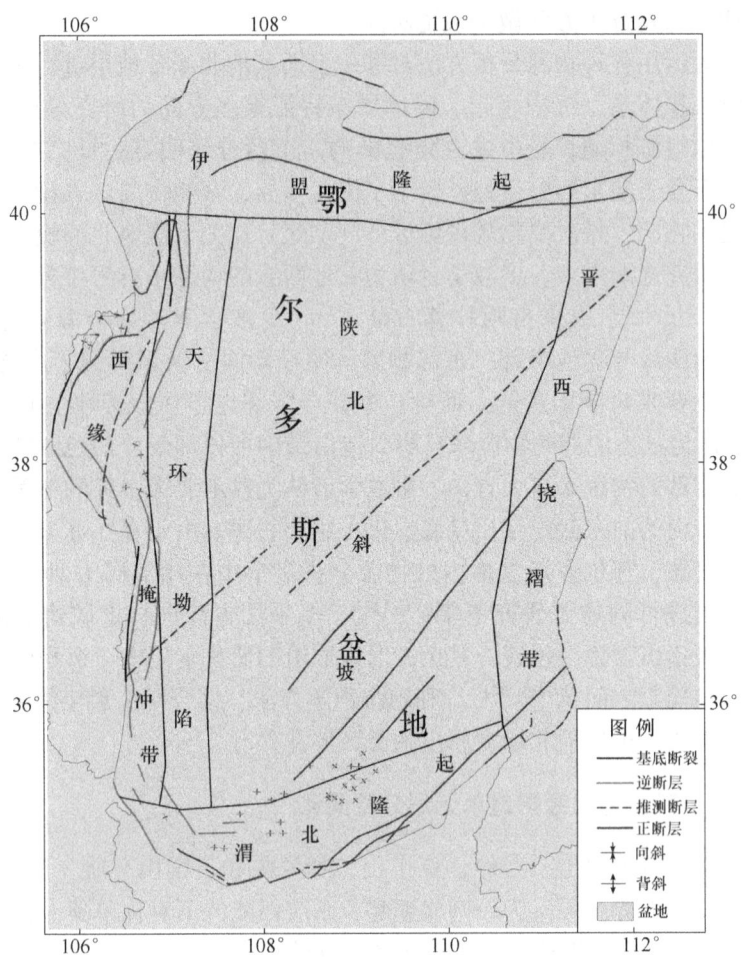

图 5-2 鄂尔多斯盆地构造单元划分及构造分布

(图来自油气资源调查中心)

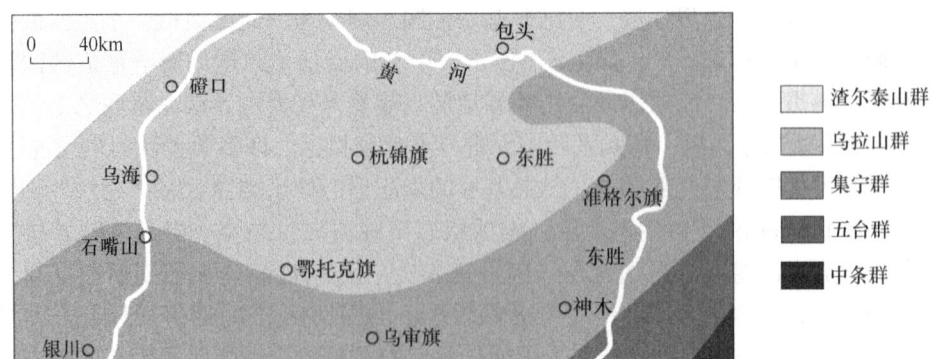

图 5-3 伊盟隆起地质简图

河套地堑又称河套弧形地堑盆地，西起甘肃民勤，东至内蒙古呼和浩特，弧形展布向西北突出，为盆地周缘新生代断陷盆地。河套地堑内部构造复杂，由多个隆起和坳陷组成，总体呈西、北陡，东、南缓的箕状构造格局。河套地堑以前寒武系变质岩为基底，向上依次发育上侏罗统、下白垩统、始新统、渐新统、中新统、上新统、第四系，个别地区可见寒武系-奥陶系，以砾岩、泥岩、砂岩为主，各地层间多呈不整合接触，地堑内的岩浆活动集中于华里西期和印支期。晚三叠世，受华北板块和欧亚板块之间的左旋剪切应力作用，鄂尔多斯地块向西北推挤致使河套地区处于剪切挤压状态。始新世期间，印度板块和欧亚板块碰撞导致鄂尔多斯地块北缘承受右旋剪切应力向东南移动，河套地区被拉张形成现今构造格局。

西缘逆冲带[149]基底为太古界贺兰山群及古元古界赵池沟群，受中条运动影响发育中元古界长城系-蓟县系，早古生代寒武纪-早奥陶世，贺兰裂谷伸展、张裂，发育一系列含磷碎屑沉积、碳酸盐岩碎屑岩、复理石沉积组合。加里东运动使贺兰裂谷转为陆地，导致缺失志留系-下石炭统地层。晚石炭世，贺兰地区再度坳陷，形成陆内断-坳地，至中二叠世，形成海陆交互相、陆相等多种沉积建造，煤系地层形成。晚二叠世-中、晚三叠世，贺兰断-坳盆地与鄂尔多斯盆地联合形成大型克拉通盆地。印支运动晚期，贺兰地区受到弱构造应力形成断裂不明显的弱褶皱。燕山运动中期，强烈的构造运动导致贺兰山崛起，六盘山沉降，盆地西缘的逆冲构造带基本形成。后期的喜马拉雅运动对西缘逆冲带进行了一定程度的改造，最终形成现今的南北向延伸，多条向西倾斜，弧形向东凸出的逆冲断裂组合（见图5-4）。西缘逆冲带的形成演化过程极为复杂，主要原因为该带地处特提斯洋、阿拉善地块、华北地块的结合部位。

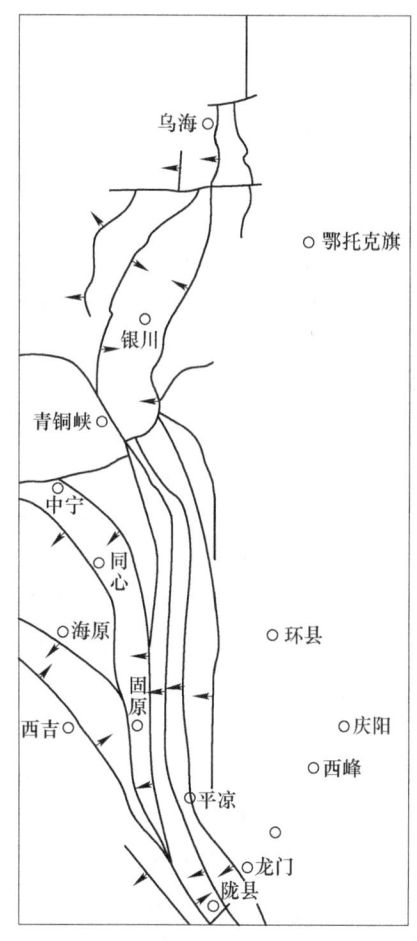

图5-4 西缘逆冲带构造简图

天环坳陷地处西缘冲断带和陕北斜坡之间，北接伊盟隆起，南至渭北隆起，为一狭长向斜带。坳陷带内发育古生界为寒武统馒头组、徐庄组、毛庄组、张夏组、崮山组、长山组、凤山组等，中、下奥陶统三道坎组、桌子山组、克里摩里组、乌拉里克组、拉什仲组，上石炭统羊虎沟组，二叠系太原组、山西组、下石盒子组、上石盒子组、石千峰组，其中桌子山组相当于马家沟组的西延部分。受西缘逆冲带影响，坳陷西侧发育几条逆冲断层，具上陡下缓的特征，东侧相对平缓。坳陷带古生代为一平缓西倾斜坡，俯冲于西缘逆冲带之下。晚三叠世，开始沉降坳陷。侏罗纪、白垩纪沉降中心向东偏移，形成现今西翼陡、东翼缓的不对称向斜形态。

陕北斜坡也称伊陕斜坡，位于盆地中部，是六个一级构造单元中面积最大的单元，主要出露中生代、新生代地层，包括三叠系延长组，侏罗系富县组、延安组、直罗组、安定组及白垩系、古近系、新近系、第四系。其中，延长组是盆内最主要的含油层系。陕北斜坡中生代之前为一坳陷，燕山运动时期，华北板块受到太平洋板块的俯冲推挤，靠近太平洋板块一侧被抬升。根据新近系、第四系微角度不整合于中生界、古生界的现象推测挤压抬升作用持续至古近纪末期。陕北斜坡现今构造形态表现为一平缓西倾大单斜，地层倾角小于1°，坡降7~10m/km。斜坡东翼宽缓，西翼陡窄，内部发育因差异性压实导致的许多不规则分布的低幅隆起的鼻状构造。

晋西挠曲带地处陕北斜坡东侧，吕梁隆起以西，北至准格尔旗，南至乡宁，为一长条状褶皱带。带内出露地层主要有元古宇，中、上寒武统，下奥陶统，中、上石炭统，下二叠统，三叠系，古近系和第四系，缺失志留系、泥盆系、侏罗系和白垩系。燕山运动中期，太平洋板块和华北板块碰撞俯冲，吕梁山隆升，基底断裂，盆地东缘处于挤压构造背景，最终形成现今的构造面貌，即西倾单斜构造，倾角1.5°~2°。相对于陕北斜坡，地层倾斜幅度大，究其原因是晋西挠曲带更接近吕梁山，构造应力更强，倾斜幅度增大。

鄂尔多斯盆地原属于华北板块，后经历多期次构造旋回演化为稳定升降、坳陷迁移的大型多旋回克拉通叠合盆地。鄂尔多斯盆地的演化可划分为六个阶段。

(1) 基底形成阶段。太古代-早元古代，华北板块基底经历了迁西、阜平、五台及吕梁-中条四次构造作用，发生了复杂的变质作用、混合岩化作用和变形作用，最终形成了由麻粒岩相、角闪岩相及绿片岩相组成的复杂变质岩系。该变质岩系构成了今后鄂尔多斯盆地的古老基底。

(2) 裂谷发育阶段。中元古代，华北板块西部发生三联点裂解，形成秦、祁、贺三叉裂谷。晚元古代，贺兰裂谷消失，秦祁裂谷得到发展，最终演化为古洋。中、晚元古代，华北板块周缘发育厚度较大的坳拉谷沉积，而板块中部相对独立、稳定，发育薄沉积地层。晚元古代，晋宁运动导致盆地上升为陆停止沉积。中、晚元古代沉积地层为华北板块的第1套盖层。

(3) 稳定克拉通阶段。早古生代-早石炭世，华北板块进入稳定升降的克拉通演化阶段。秦、祁坳拉谷再次拉张，贺兰坳拉槽活化，盆地内发育多次快速海进、缓慢海退的沉积旋回和地台边缘坳陷沉积。中奥陶世，古洋壳向北俯冲，造成华北克拉通整体抬升，沉积缺失志留系、泥盆系和下石炭统，形成包括阴山造山带在内的克拉通北缘的许多隆起，南缘的秦、祁坳拉谷消减、关闭，最终形成秦-祁褶皱带。

（4）克拉通坳陷阶段。晚古生代中石炭世，南北裂陷槽再度活化，克拉通盆地结束隆升被剥蚀的历史，下降接受沉积，进入克拉通坳陷阶段。受中央古隆起影响，东西两侧形成滨海、浅海沉积和潮坪、潟湖环境沉积。晚石炭世，鄂尔多斯盆地及周缘均遭到海侵，中央古隆起被淹没，形成太原组地层。晚石炭世末-早二叠世，海水逐渐开始退出，鄂尔多斯盆地转为陆相为主的沉积环境。受鄂尔多斯盆地北缘造山带隆升和北高南低的古地貌的影响，盆地北缘发育冲积扇、河流三角洲沉积体系。在盆地东部和西北部发育一套海相、海陆交互相地层，即太原组、山西组地层。二叠纪石盒子期，海水完全退出，发育河流相沉积。晚二叠世石千峰期，沉积环境完全转为陆相沉积。

（5）内陆盆地演化阶段。早中生代盆地仍然保持晚二叠世的沉积面貌，即整个华北地区为一统一的坳陷型内陆盆地。印支运动晚期，扬子板块和西伯利亚板块双向挤压，鄂尔多斯盆地隆起遭受剥蚀，盆地开始向内陆差异性升降盆地演变。燕山运动中期，盆地东侧发育晋西挠曲带，带内发育离石断裂，西侧发育西缘逆冲带、天环坳陷，鄂尔多斯盆地脱离统一的大华北盆地开始进入内陆盆地演化阶段，鄂尔多斯盆地的现今构造面貌大体形成。燕山运动晚期，盆地内的大量中生界地层遭遇差异性剥蚀，鄂尔多斯盆地发育结束。

（6）周缘断陷盆地演化阶段。新生代鄂尔多斯盆地仍延续晚侏罗世被剥蚀的状态，局部地区沉积了极薄的古近系、新近系地层。受原特提斯洋的闭合和印度-欧亚板块碰撞的远程影响，在盆地周缘发育一系列右旋拉张断裂，形成周缘断陷盆地，如河套断陷、银川断陷、清水河断陷、渭河断陷。

鄂尔多斯盆地是华北板块西部地块北缘的大型多旋回叠合克拉通盆地。盆地的形成受华北板块与杨子板块、华北板块与西伯利亚板块碰撞拼合、挤压拉张的双重控制。加里东运动、海西运动、印支运动、燕山运动及喜马拉雅运动控制着盆地的形成演化和构造格局。周缘隆起的地体为盆地提供了陆源碎屑，适时的构造运动为盆内能源矿产的形成提供了有利条件。总之，鄂尔多斯盆地的形成演化是多方面共同作用的结果。

5.1.4 地层的划分与对比

鄂尔多斯盆地是华北克拉通的一部分，地层区划上属于华北地层区。研究区主要涉及的地层区有盆地中东部及西缘地层区、大青山分区、阿拉善分区等。晚石炭世-早二叠世受中央古隆起和华北板块南缘边缘隆起的影响，鄂尔多斯盆地西缘和中东部分别发育裂陷盆地和陆表海盆地，直至早二叠世末统一为大华北内陆盆地。盆地北缘受华北板块向北俯冲的影响发育断坳陷盆地，拴马桩组在此时形成。通过对大青山煤田拴马桩组地层与盆地内部的太原组地层的详细的层序地层格架的对比和标志性的火山事件层的对比，确定了大青山煤田拴马桩组上部与盆地内太原组为同一沉积地层，见表 5-1[150-154]。本章将一并进行物源分析，为晚石炭世-早二叠世期间盆地北缘沉积演化提供新证据。

表 5-1 鄂尔多斯上古生界地层划分与对比

年代地层			岩石地层			
界	系	统	鄂尔多斯盆地北缘		鄂尔多斯盆地西缘	鄂尔多斯盆地中东部
			阿拉善分区	大青山分区		
上古生界	二叠系	上统		脑包沟组	石千峰组	石千峰组	千$_1$~千$_5$ 段
		中统		石叶湾组	上石盒子组	上石盒子组	盒$_1$~盒$_4$ 段
					下石盒子组	下石盒子组	盒$_5$~盒$_8$下 段
		下统	大红山组	杂怀沟组	山西组	山西组	山$_1$ 段
							山$_2$ 段
				拴马桩组	太原组	太原组	太$_1$~太$_2$ 段
	石炭系	上统			羊虎沟组	本溪组	本$_1$~本$_2$ 段
					靖远组		

1922 年，太原组最早由翁文灏、Grabau 在太原西山七里沟玉门沟群剖面中发现，命名太原组。其下为本溪组，上为含煤地层山西组，为一套海陆交互相页岩夹砂岩、煤、石灰岩的多旋回沉积地层，广泛分布于华北、华东和鄂尔多斯盆地[155]。拴马桩组源自孙健初 1934 年命名的位于内蒙古乌拉特前旗佘太镇拴马桩沟的拴马桩煤系，后被斯行健、李星学沿用至大青山地区，并规范其名为拴马桩群。1981 年，金香福通过对比佘太镇拴马桩群下部地层与大青山地区拴马桩群内的植物化石，发现两者沉积环境不同，将拴马桩群解体，分别命名为佘太组和拴马桩组[156]。拴马桩组主要分布于狼山—集宁一代，主要由页岩、砂岩、砾岩和煤层组成。

鄂尔多斯盆地西缘太原组厚度不均，普遍达 50~160m，乌达—呼鲁斯太一带可达 350m 以上，总体上呈现自西向东减薄的趋势[157]。由于沉积环境的改变，多将太原组分为上、下两段。太原组底界、山西组底界及太 1—太 2 的分界分别对应一套厚层中粗粒含砾砂岩，野外工作极易识别。盆地中东部太原组为海陆交互相的三角洲平原亚相—潮坪亚相沉积。盆地中部太原组的识别多利用晋祠砂岩、七里沟砂岩和北岔沟砂岩区分。盆地东部以 K_1 砂岩和窑沟砂岩 K_2 作为上下界，盆地东部发育稳定的 6 号煤，该煤层顶板为黑岱沟砂岩 K_3，底板为 K_2 砂岩。利用 6 号煤和 3 层砂岩作为标志层可以清楚地识别出太原组地层。盆地北缘拴马桩组地层底界为厚层状黄褐色粗粒砾岩，顶界为两层巨厚复杂煤层，其余地层不含厚煤层，据此可识别拴马桩组。拴马桩上部地层主要指两次巨厚复杂煤层及上下泥岩、砂岩夹层，受后滨沼泽—泥炭沼泽环境影响，上部地层基本不含砾石。

5.2　鄂尔多斯盆地北缘太原组沉积特征

选择的三处剖面分别位于宁夏石嘴山市惠农区沙巴台（106°27′30.46″E，39°18′43.64″N；106°27′58.76″E，39°19′01.82″N）（见图 5-1（b））、呼和浩特清水河县下城湾（111°22′3.31″E，39°44′11.35″N；111°22′1.82″E，39°44′9.61″N）（见图 5-1（c））和包头市土默特右旗阿刀亥（110°27′20.27″E，40°24′36.37″N；110°29′6.54″E，40°38′55.32″N）（见图 5-1（d））。

5.2.1　宁夏沙巴台太原组沉积特征

沙巴台剖面（见图 5-5）位于宁夏石嘴山惠农区北西 15km 处，由底到顶依次包括上石炭统羊虎沟组泥岩、二叠系太原组含煤地层及二叠系山西组粗砂岩，贯穿了太原组全部层位。剖面显示太原组地层多以泥岩、砂岩、泥质粉砂岩和粉砂质泥岩互层为主，偶含砾岩、砾砂岩，夹煤层、海相灰岩、凝灰岩等，整体上，太原组为一套海陆交互相地层。太原组底部可见河道滞留砾石和河流下切侵蚀痕迹，显示沙巴台当时处于低位体系域。中部、上部砂岩可见流水波痕，陡坡多指向南东向，指示当时的古水流流向为南东向。太原组下部主要为砂岩、粉砂岩与泥岩互层产出，上部以泥岩为主。结合实地踏勘及前人研究成果认为沙巴台太原组由海陆交互相地层和三角洲相地层组成。古水流分析显示海水入侵的方向主要为北东向，同时存在北西、南东、南西三个方向的古水流[157]，显示当时沙巴台太原组为流水方向复杂的潮坪或海滩环境。

沙巴台太原组地层共采集 6 件样品并进行薄片分析。其中 5 件样品均为中粗粒或中细粒砂岩，编号 S006-5、S006-4、S004-2、S004-3 和 S004-5，1 件为泥晶生物碎屑灰岩，编号 S001。砂岩样品镜下特征大体相似，均为砂状结构，块状构造，陆源碎屑占 90%左右，包括石英、长石和岩屑；碎屑以石英为主，占 80%

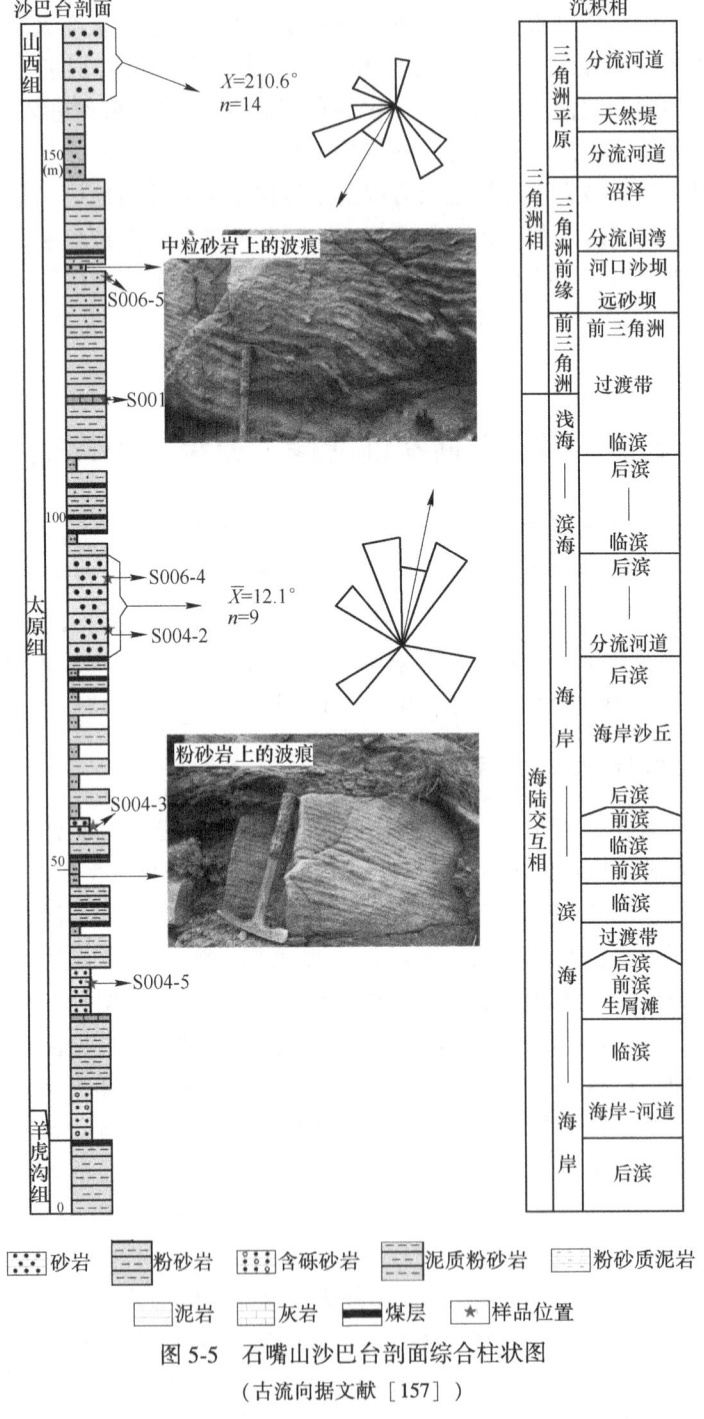

图 5-5　石嘴山沙巴台剖面综合柱状图

（古流向据文献［157］）

左右，石英以次圆状为主，少数呈次棱角状分布，偶见波状消光，多以单晶石英为主，偶见多晶石英，部分石英具次生加大边结构，粒径多介于 0.15~0.55mm 之间。长石占 3% 左右，主要以钾长石为主，可见少量斜长石，钾长石常见格子双晶和条纹结构，斜长石可见聚片双晶或卡钠复合双晶，长石发生绢云母化和黏土化严重，溶蚀作用强烈，表面模糊，粒径 0.10~0.25mm；岩屑以泥岩岩屑为主，约占 7%，填隙物包括胶结物和杂基两种，胶结物为钙质胶结或硅质胶结，含量为 5% 左右，杂基含量为 4% 左右，孔隙度约 1%，以次生溶蚀孔为主；镜下偶见草莓状黄铁矿。支撑类型为颗粒支撑，接触以线接触-凹凸接触为主。

泥晶生物碎屑灰岩具粒屑结构，块状构造。主要以亮晶鲕粒方解石为主，其次为泥晶方解石及生物碎屑组成。鲕粒主要由真鲕、薄皮鲕组成，呈次圆-浑圆状，粒径多数在 0.6~1.3mm 之间，最大可达 1.5mm，均为亮晶方解石，呈高级白干涉色，含量约 75%；泥晶方解石呈鸡骨状，不规则展布，含量约 10%；生物碎屑呈次棱角状-次圆状，主要有海百合茎、介形虫、三叶虫等，含量约 10%，另有 5% 左右的小颗粒石英。

5.2.2 下城湾太原组沉积特征

下城湾剖面位于呼和浩特清水河县南西 30km 的黄河河道东岸（见图 5-6），由底至顶依次出露上石炭统本溪组上部、上石炭统—下二叠统太原组和下二叠统山西组下部地层。其中本溪组可见部分共分 8 层，以砂岩为主，粗、中、细和粉砂岩均有出露，部分砂岩层含砾石或夹细砾岩、薄煤层，可见一厚约 0.4m 的薄煤层，内夹 3 层泥岩夹矸。太原组共分 9 层，底部为黄褐色、中厚层状粗砂岩，局部含砾，是本溪组和太原组的标志分界层，即 K_1 砂岩，可见流水波痕，陡坡指向 170°，指示存在来自北侧的古水流。太原组中部为厚达 4.8m 的厚煤层，见多层夹矸；煤层顶底板均为薄层状泥岩、粉砂质泥岩；厚煤层之上的砂岩中可见透镜体，指示当时可能处于三角洲前缘涡流与静水交替变化的环境中；太原组上部见两层厚约 0.5~0.7m 的薄煤层，顶底板均为薄层状泥岩，可见数层极薄的粗砂岩夹矸。山西组可见部分共分为 5 层，底部为 3 层砂岩，上下两层为粗砂岩，含砾或局部含砾，中间为薄层状细砂岩。3 层砂岩合称窑沟砂岩，也即 K_2 砂岩，是太原组和山西组的分界标志层。K_2 砂岩层内可见交错层理发育，显示当时可能处于水动力条件复杂的沉积环境中。K_2 砂岩上为薄层状泥岩、粉砂岩。剖面上本溪组、太原组、山西组地层产状均近乎水平。

下城湾太原组共采集 3 件样品并进行薄片分析，编号 L008、L009 和 L010。3 件样品均为中粗或中细粒岩屑石英砂岩，镜下特征相似，均呈砂状结构，块状构造，由砂级碎屑、填隙物组成。其中碎屑可分为长石、石英和岩屑。长石以钾长石为主，次为斜长石，钾长石呈次棱角状、星散状分布，表面较新鲜干净，粒

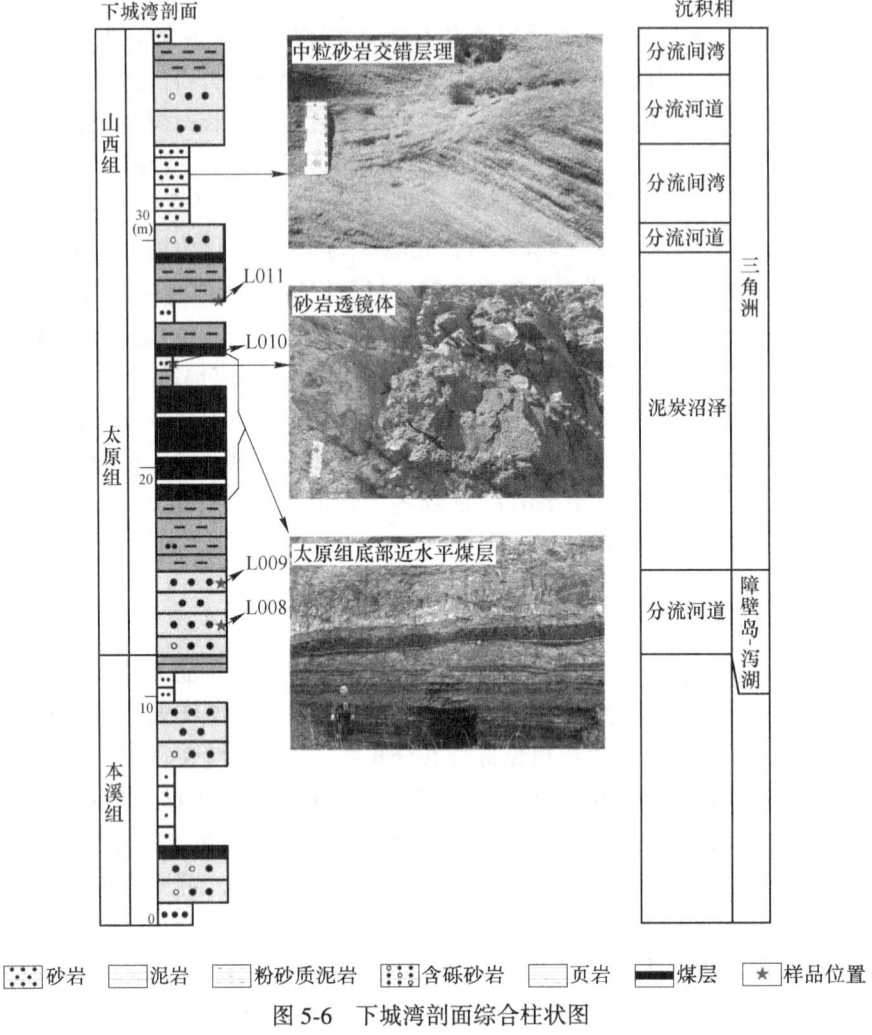

图 5-6   下城湾剖面综合柱状图

径约 0.1~0.25mm，部分粒径较小，约 0.05~0.1mm。斜长石轻微土化，表面略
脏；石英多为单晶石英，少见多晶石英，以棱角状-次棱角状为主，定向分布，
表面光洁，粒径多为 0.05~0.25mm，少数可达 0.25~0.5mm；岩屑为变质黏土
岩、变质黏土质粉砂岩、变质粉砂岩、变质硅质岩、变质黏土质硅质岩及少量泥
板岩、流纹岩、粗面岩，可见变质产生的绿泥石集合体、绢云母集合体、部分呈
假象产出，界限模糊不清甚至消失，少量略显压扁拉长。填隙物为黏土杂基，呈
细小鳞片状，片直径一般为 0.001~0.01mm，部分为 0.01~0.02mm，填隙状或
定向分布，常被不透明矿物交代。可见波状-齿状缝合线，内有黏土质、不透明
矿物分布。

5.2.3 包头阿刀亥拴马桩组沉积特征

阿刀亥剖面位于土默特右旗北西 8km 处（见图 5-7），由底至顶依次包括奥陶系碳酸盐岩、拴马桩组、杂怀沟组。其中奥陶系碳酸盐岩与拴马桩组呈平行不整合接触。上石炭统-下二叠统拴马桩组底部为厚层状黄褐色粗砾砾岩夹灰黑色粉砂质泥岩薄层，向上可见灰黄色、灰褐色粗砾岩与灰黄色含砾粗粒砂岩互层，夹灰黑色泥质粉砂岩薄层；其中，粗粒砾岩是拴马桩组底界的标志层，砾石含量极高，多呈椭球状叠瓦状定向排列，倾向多为南西向，指示古水流来源于北侧。砾石分选性好，成分单一，粒径多集中于 10cm 左右，砾石间为颗粒支撑结构，填隙物多为石英等硅质碎屑。众多的沉积特征显示该层砾石形成于水动力强的滨海环境。顶部为两层巨厚复杂煤层，煤层上下分布灰黑色泥质粉砂岩薄层、炭质泥岩、沉凝灰岩夹层等，砂岩内可见流水波痕。拴马桩组上部是与其呈整合接触的杂怀沟组，其底部为厚层状灰色粗砾岩，上部为夹不稳定煤线的灰褐色高岭石泥岩及泥化凝灰岩。剖面未见杂怀沟组上界。结合实地踏勘及前人研究成果认为，阿刀亥剖面拴马桩组形成于滨岸环境，结合前人古流向分析认为阿刀亥拴马桩组古水流来自北东方向[127]。

阿刀亥太原组共采集 5 件样品并进行薄片分析。其中 4 件样品均为中粗粒或中细粒砂岩，编号 A002、A003-1、A005 和 A008；1 件为流纹质岩屑晶屑凝灰岩（S001）。所有砂岩样品镜下特征相似，均具砂状结构，块状构造，由陆源碎屑和填隙物组成。其中碎屑主要由石英（60%）、岩屑（25%）及少量长石（5%）组成，支撑类型以颗粒支撑为主，呈线接触-凹凸接触，胶结物为钙质及硅质。其中，石英以它形次圆状为主，少数呈次棱角状，多为单晶石英，偶见多晶石英，部分可见石英次生加大边，粒径多数介于 0.10~0.65mm，含量约 60%。长石主要为钾长石，少量斜长石；钾长石常见格子双晶和条纹结构，长石发生绢云母化和黏土化严重，表面脏杂，并发生溶蚀作用，粒径 0.2~0.35mm，含量约5%。岩屑由千枚岩岩屑及泥岩岩屑组成，含量约 25%；填隙物主要为胶结物和杂基，胶结物为铁质胶结、钙质胶结和硅质胶结，含量 6%；杂基含量 2%。孔隙以次生溶蚀孔为主，孔隙度 2%。流纹质岩屑晶屑凝灰岩具晶屑凝灰结构，主要由塑性玻屑、岩屑、晶屑和角砾组成。塑性玻屑呈条纹状定向分布，界限模糊不清或消失；岩屑主要为流纹岩岩屑，具霏细结构，岩屑边界清楚，粒径 0.5~1.5mm；晶屑主要为石英、斜长石和钾长石，粒径在 0.4~1.0mm 之间，石英晶屑边部因溶蚀而成港湾状，总体具半定向排列，斜长石晶屑见聚片双晶和卡氏双晶，个别见环带构造，钾长石表面脏杂，多黏土化。火山角砾为流纹岩，棱角状，大小一般为 2~3.5mm，杂乱分布。

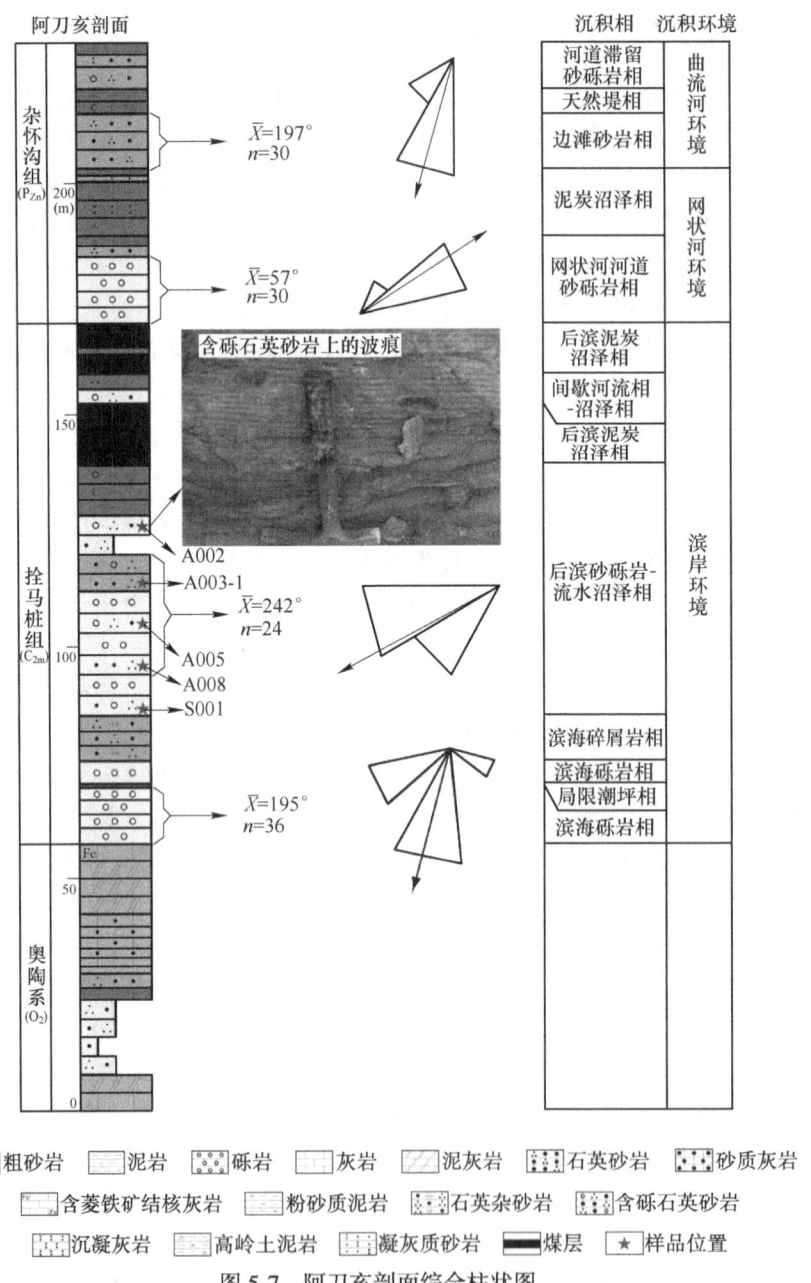

图 5-7 阿刀亥剖面综合柱状图

5.2.4 砂岩碎屑组分特征

用 Gazzi-Dickinson 计点法对沙巴台太原组、阿刀亥拴马桩组和下城湾太原组砂岩进行详细的碎屑组分统计（见表 5-2），利用 Steve J. Baedke 和 ToddA. Thompson 编制的 TriPlot 2.0 版本三角图软件，以 Dickinson 三角图解为底图进行投点[80]。Qm-F-Lt 三角图解[78]显示三处样品均落入再旋回造山带物源区和石英再旋回范围（见图 5-8），沙巴台和阿刀亥的砂岩碎屑组分接近，落点基本一致；而下城湾的砂岩样品落点更接近克拉通内部区域，落点重合，表明物源单一稳定，碎屑组分中单晶石英的含量占比高于其他两个剖面的砂岩中的单晶石英含量占比。Qt-F-L 图解显示 3 处样品均落入再循环造山带物源区，以大陆内部物源为主。下城湾太原组砂岩落点接近稳定克拉通和隆起基底区域，可能是物源区复杂的岩性、搬运过程的复杂导致的，并不能表明物源区具有稳定克拉通和隆起基底背景。三角图解的分析结果暗示物源的输入源自陆内造山带。碎屑结果统计显示 3 处样品中的碎屑组分均以石英为主，并且单晶石英占多数，下城湾太原组甚至基本不含多晶石英，这与物源区具再旋回造山带的性质是对应的，同时表明下城湾太原组的物源区构造旋回、造山运动更为强烈。

表 5-2 鄂尔多斯盆地西部及北部砂岩碎屑组分统计表

薄片编号	Qm	Qp	Qt	Pl	K	F	Lm	Ls	Lv	L	Lt
沙巴台											
S006-4	360	71	431	12	4	16	22	26	0	26	119
S006-5	400	80	480	4	2	6	15	31	0	31	126
S004-2	367	66	433	7	9	16	37	44	0	44	147
S004-3	370	65	435	8	10	18	39	44	0	44	148
S004-5	318	71	389	11	10	21	34	49	0	49	154
阿刀亥											
A002	295	63	358	21	13	34	26	39	33	72	161
A003	393	60	453	15	12	27	21	44	0	44	125
A008	364	63	427	9	16	25	29	45	0	45	137
下城湾											
L-008	467	2	469	1	21	22	6	60	14	74	76
CT001	548	0	548	0	0	0	2	5	0	5	5
CT002	529	0	529	33	0	33	0	6	0	6	6
CT003	554	0	554	0	0	0	0	3	0	3	3
CT004	563	0	563	0	0	0	0	2	0	2	2
CT005	557	0	557	0	0	0	0	0	0	0	0
CT006	497	0	497	0	6	6	2	56	2	58	58
CT007	461	0	461	78	34	112	0	4	0	4	4
CT008	411	0	411	94	28	122	0	21	0	21	21
CT009	426	0	426	158	0	158	0	0	0	0	0
CT010	567	0	567	0	0	0	0	0	0	0	0

薄片编号	Qm	Qp	Qt	Pl	K	F	Lm	Ls	Lv	L	Lt
CT011	549	0	549	0	0	0	0	9	0	9	9
CT012	556	0	556	0	0	0	0	1	0	1	1

注：Qm—单晶石英；Qp—多晶石英；Qt—石英颗粒总量；Pl—斜长石；K—钾长石；F—长石总量；
Lm—变质岩岩屑（燧石和石英岩等除外）；Ls—沉积岩岩屑；Lv—岩浆岩岩屑；L—所有非硅质
岩屑；Lt—岩屑总量。

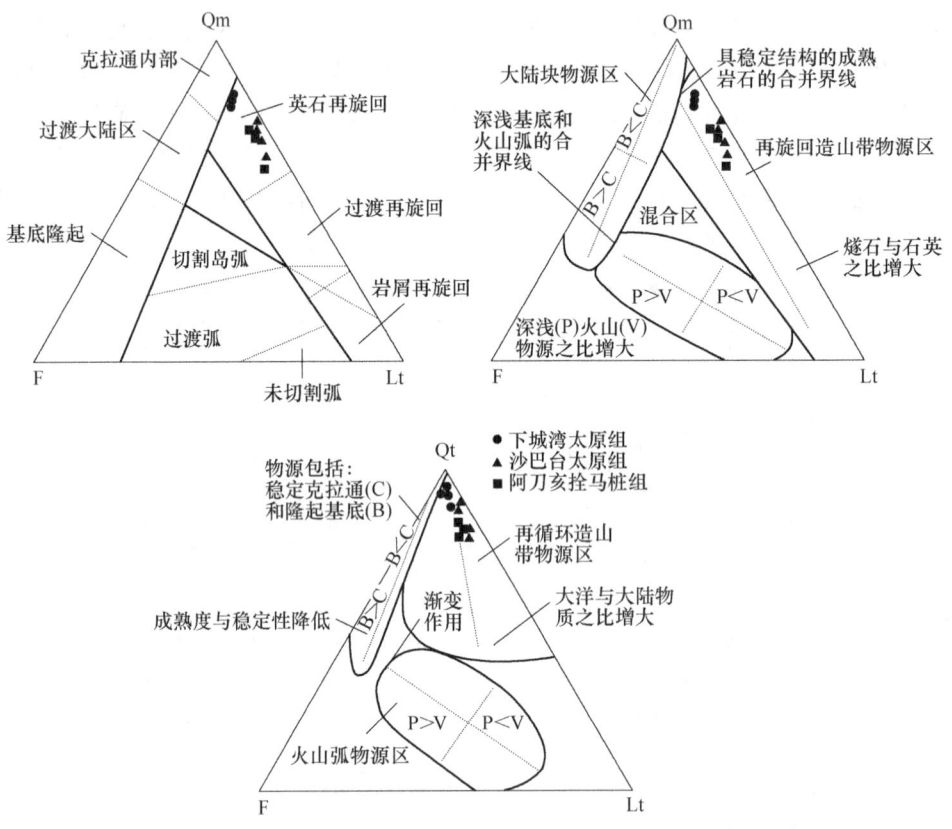

图 5-8 砂岩颗粒组分模式

多数样品碎屑中长石含量极少，显示陆源碎屑可能经历了长距离的搬运和较长时间的风化作用。仅在下城湾剖面的3件样品中发现较多的长石碎屑，可能指示样品所属层位沉积时接受了部分较近地区的物源输入。沙巴台和阿刀亥样品在岩屑方面性质相似，发现含量对等的变质岩岩屑和沉积岩岩屑，多数沉积岩岩屑遭受了一定程度变质作用的影响，基本不含火山岩岩屑，反映物源区具相似的古老基底，均为沉积岩、变质岩发育区，且以变质岩为主。下城湾样品中各种岩屑含量均很少，仅部分样品发现沉积岩岩屑和变质岩岩屑，基本不含火山岩岩屑，这与前述碎屑搬运距离远、风化时间长相吻合。

5.2.5 砂岩重矿物分析

由于重矿物受搬运过程影响较小使得其成为重要的物源分析手段。通过分析重矿物组合、重矿物指数及平面上重矿物含量变化能够约束物源区方向、大体位置和搬运过程。本次研究在拴马桩组采集 3 件砂岩样品，在沙巴台太原组采集 5 件砂岩样品。重矿物鉴定依托廊坊市宇恒矿岩技术服务有限公司，样品处理过程符合规范要求。

依据前人划分原则发现主要包括极（超）稳定矿物和稳定矿物两类，极（超）稳定矿物包括锆石、电气石、金红石及独居石，稳定矿物包括磷灰石、锐钛矿、白钛石、石榴石、赤褐铁矿、磁铁矿及钛铁矿（见表 5-3）。极（超）稳定矿物和稳定矿物二者含量之和与重矿物总含量之比均在 80% 以上，其中 S006-4 与 S006-5 甚至达到 97% 以上，反映物源区距盆地位置较远，搬运过程较为复杂。沙巴台太原组 5 件样品中重矿物组成可分为两种类型，分别为赤褐铁矿+锆石+金红石+独居石+白钛石和电气石（褐色）+锆石+金红石，指明源区母岩以酸性岩浆岩和变质岩为主。其中 S006-4 和 S006-5 重矿物鉴定发现较多的赤褐铁矿，可能指示样品所属层位沉积时有大量的铁质矿物加入。阿刀亥拴马桩组砂岩存在三种重矿物组成类型，白钛石+锆石+石榴石+磷灰石、锆石+金红石+独居石和锆石+钛铁矿+白钛石，石榴石、磷灰石对应的母岩类型为中基性喷出岩，钛铁矿对应的母岩类型为基性、超基性侵入岩，而锆石、金红石、独居石对应的母岩类型为酸性岩浆岩，基于此认为拴马桩组的物源区母岩应以岩浆岩为主。8 件样品镜下鉴定表明均存在两种锆石，一种为浅粉色，半自形-自形柱状，气液固相包体少见，多数表面光亮，推测为年轻的岩浆锆石经短距离搬运而来；另一种锆石为玫瑰色，次圆-圆粒状为主，固相包体较发育，推测为经历复杂搬运过程的年老的变质锆石。各样品中两种锆石比例不等，总体上以变质锆石为主。

表 5-3 沙巴台太原组和阿刀亥拴马桩组重矿物组成 （%）

样品	锆石	磷灰石	金红石	锐钛矿	白钛石	电气石	石榴石	赤褐铁矿	磁铁矿	独居石	铬尖晶石	钛铁矿	其他
S006-4	6.08	0.40	5.27	12.57	14.59	6.58	—	52.92	—	—	—	—	1.59
S006-5	11.50	0.34	5.08	9.47	5.75	1.31	—	64.41	—	—	—	—	2.14
S004-2	54.50	—	6.23	9.35	7.31	9.81	—	—	—	3.32	—	—	9.48
S004-3	13.25	—	1.15	1.13	1.60	67.26	—	—	—	6.51	0.16	—	8.94
S004-5	45.66	—	4.78	5.15	14.80	13.12	—	—	—	0.93	0.07	—	15.49

样品	锆石	磷灰石	金红石	锐钛矿	白钛石	电气石	石榴石	赤褐铁矿	磁铁矿	独居石	铬尖晶石	钛铁矿	其他
A002	14.44	3.94	0.98	0.07	59.42	0.34	8.58	—	—	—	—	0.07	12.16
A003-1	48.36	—	16.35	0.71	3.56	0.18	—	—	—	15.64	—	—	15.20
A008	45.68	2.87	1.15	0.69	5.50	—	0.13	1.34	0.16	—	—	21.93	20.55

注："—"表示未检出。

ZTR 指数（锆石、电气石、金红石含量之和与透明矿物总含量之比）是用来判别碎屑岩成分成熟度的一种有效方法，成熟度随 ZTR 值增大而增大。8 个样品的 ZTR 指数除 A002（56%）外其余均大于 80%（见图 5-9 和图 5-10），成熟度极高，数据较为集中，反映盆地西部及北部陆源碎屑搬运距离较远，过程较为复杂。

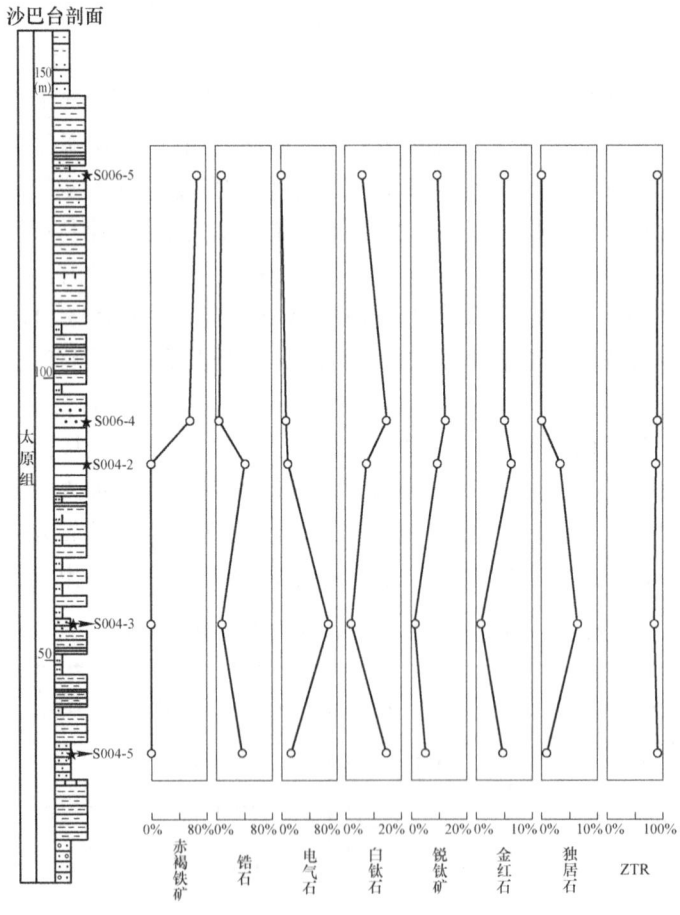

图 5-9 沙巴台太原组重矿物含量和 ZTR 变化趋势

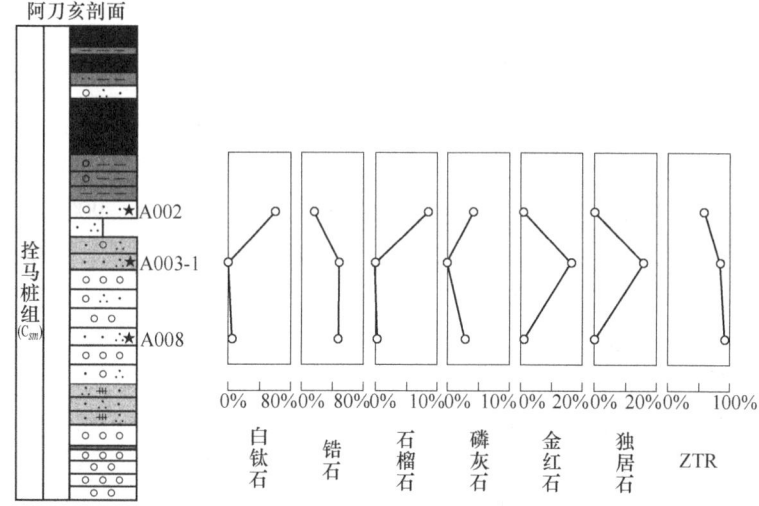

图 5-10 阿刀亥拴马桩组重矿物含量和 ZTR 变化趋势

5.3 锆石年代学、稀土元素和 Hf 同位素分析结果

5.3.1 样品的采集和前处理

本次研究共对 5 件样品进行了碎屑锆石 LA-ICP-MS U-Pb 年代学测试。其中沙巴台剖面太原组地层分析了 1 件样品，样号为 S006-5，采样点 106°27′41.76″E，39°18′44.82″N，岩性为中-粗粒岩屑石英砂岩。阿刀亥剖面拴马桩组地层分析了 2 件样品，A002 为中-粗粒岩屑砂岩，A003 为中-粗粒岩屑石英砂岩，坐标分别为 110°28′4.52″、40°37′38.77″、110°28′5.82″、40°37′39.27″。下城湾剖面太原组分析了 2 件样品，L008 为中-细粒岩屑石英砂岩，L011 为岩屑晶屑凝灰岩，坐标分别为 39°44′13.09″、111°22′00.34″、39°44′12.37″、111°22′02.18″。

样品的前处理在廊坊市宇恒矿岩技术服务有限公司进行，制靶及 CL 照相在北京锆年领航科技有限公司完成，具体流程如下：

（1）首先将所选的新鲜样品碎至 80~100 目，后采用电磁选和重液淘洗的方法将粉碎的岩样分选，用双目镜挑出锆石颗粒。

（2）首先在双目镜下精挑出颗粒大、透明、晶型良好的锆石颗粒，然后将锆石颗粒整齐的粘于双面胶上，最后灌注环氧树脂，待干燥固化后打磨抛光靶子，突出锆石。

（3）将制好的靶子用体积分数为 3% 的 HNO_3 擦靶，将清洁后的靶子置于阴极发光显微镜下进行照相，积分时间59s。

（4）将制好的靶子置于偏光显微镜下进行透反射光照相。

5.3.2 锆石 U-Pb 定年及锆石微量元素分析实验流程

锆石 LA-ICP-MS U-Pb 定年和微量元素分析在中国地质大学（CUGB）矿物激光微区分析实验室（Milma Lab）进行。采用 NewWave 193UC 准分子激光烧蚀系统进行激光剥蚀采样，剥蚀出的样品通过载气运送至 Agilent 7900 ICP-MS 等离子质谱中进行分析。每个点位分析过程包括 18s 背景分析，用于监测仪器稳定性，预热激光，50s 剥蚀—分析时间，10s 吹扫-冲洗时间，用于清除前一个样品残留，为下一个样品分析做准备。实验过程中间隔 10 个测试样品插入两个 91500 标样，同时插入已知年龄监测样 GJ-1（599.2MPa±4.6Ma，2SD，$n=4$），监测仪器稳定性[158,159]。间隔 20 个测试样品除了添加两个标样，一个监测样，额外添加一个样品 SRM 610（实为玻璃），用来监测微量元素数据。具体的实验室仪器参数及详细实验过程详见参考文献 [160]。

实验室使用 Agilent MassHunter 软件采集分析信号；使用 ICP-MS-DataCal 软件调整背景值和积分区间，对定年数据和微量元素数据进行时间漂移校正和定量校准[161-164]；使用 ComPbCorr#3.17 进行普通铅校正[165]。处理完毕的数据使用 Isoplot 绘制相关分析图件[166]。对年轻锆石（小于 1000Ma）采用 $^{206}Pb/^{238}U$ 年龄，对较老锆石(大于1000Ma)使用 $^{207}Pb/^{206}Pb$ 年龄；单个测试数据误差和 $^{206}Pb/^{238}U$ 年龄加权平均值误差均为 1σ。

5.3.3 碎屑岩锆石形态特征及 U-Pb 年龄分析结果

对沙巴台中粗粒岩屑石英砂岩（S006-5）57 个点位分析后得到符合谐和度要求（90%~110%）的年龄为 53 个（附录 A）。CL 图像显示多数锆石粒径约为 80~120μm，部分可达 150μm 左右。锆石多呈次棱角状或浑圆状，少部分为棱角状，反应搬运过程复杂。锆石以圆卵状、短柱状为主，可见少量长柱状。根据 Th/U（见图 5-11）、锆石内部结构、谐和图及年龄分布将锆石按成因分为三类，分别为岩浆成因锆石、继承性变质增生成因锆石和变质成因的新生锆石。其中岩浆成因锆石居多，多经历一定程度变质作用的改造，韵律环带较模糊，Th/U 大于 0.4；其次为变质成因的新生锆石，多以无分带、弱分带、扇形分带结构呈现；继承性变质增生成因锆石最少，继承核内部模糊，未见明显的韵律环带，增生边窄（见图 5-12）。

对岩浆成因锆石、变质成因的新生锆石和继承性变质增生锆石的核部测年后得到的碎屑锆石谐和年龄介于 246~2480Ma 之间。$^{206}Pb/^{238}U$ 年龄介于 476~386Ma 之间的锆石具明显的岩浆韵律环带，由于受到变质事件的干扰，无法得到

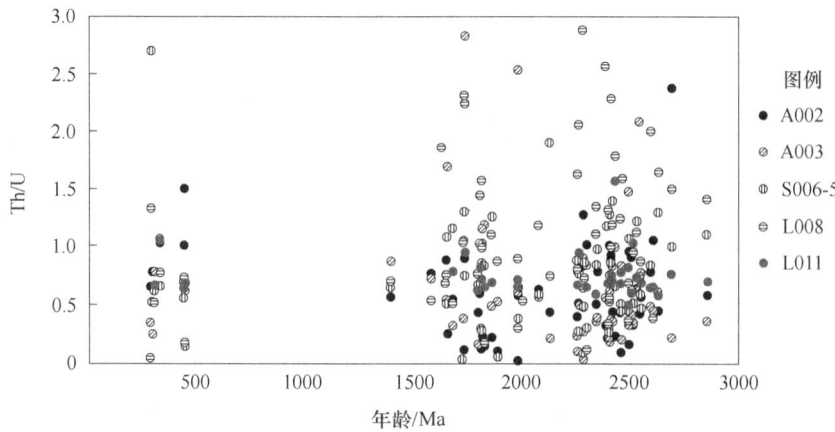

图 5-11　Th/U 与年龄分布散点图

谐和年龄，该期年龄个数较少，上交点年龄误差极大，因此采用加权平均年龄（435±28）Ma 作为该期锆石的形成年龄。此外，针对另一组明显受变质事件影响，韵律环带模糊的岩浆锆石测年后得到一个上交点年龄（2286±100）Ma，几个靠近谐和线的年龄的加权平均年龄为（2219±52）Ma，两个年龄在误差范围内，认定该期锆石形成于 2286～2219Ma 之间。对变质成因的新生锆石的测定得到两组变质事件发生年龄，一组为上交点年龄（2728±260）Ma，另一组由于上交点年龄误差极大，采用了加权平均年龄（961±54）Ma。针对继承性变质增生锆石核部的年龄测定得到一组上交点年龄，为（1872±200）Ma，认定该年龄为核部变质锆石的形成年龄。

　　下城湾太原组中—细粒岩屑石英砂岩（L008）碎屑锆石的 60 个分析点中符合谐和度要求的年龄较少，可能是复杂的变质作用导致的。CL 图像显示多数锆石内部结构复杂，多呈圆卵状、短柱状，磨圆度较好，粒径约为 60～100μm；少部分可达 150μm，为长柱状，长宽比约 1∶3，多为次棱角状-次圆状，透反射图像显示裂隙、包裹体较发育，可见烧蚀坑洞。多数锆石为典型的继承性变质增生成因锆石，依据继承核内部特征可分两类，一类锆石继承核为岩浆锆石，核部可见模糊的韵律环带，表明受到了后期变质作用的改造，边部较窄，多为斑杂状分带，结构复杂；另一类锆石核部边部均未见岩浆韵律环带，核部多为无分带、弱分带结构，边部结构复杂，多为斑杂状分带，核边界线清晰。此外还发现极少数的变质成因的新生锆石，锆石结构简单，多为无分带、弱分带结构。

　　碎屑锆石测年结果显示年龄介于 301～2597Ma，年龄较分散。受控于复杂的锆石结构和大量发育的包裹体，仅得到三组年龄，如图 5-13 所示。其中针对岩浆锆石继承核测年得到两组上交点年龄，分别为（2112±74）Ma 和（1943±16）Ma，

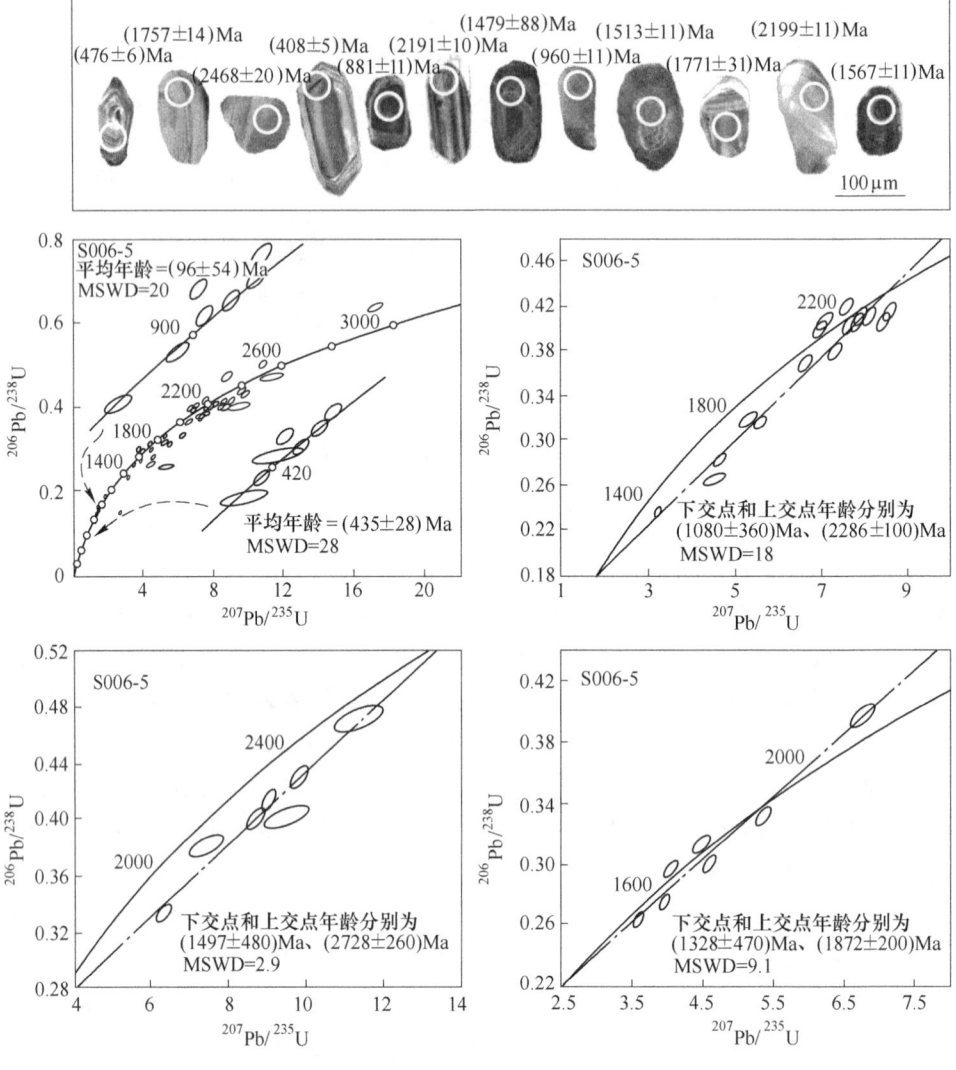

图 5-12　S006-5 锆石 CL 及 U-Pb 谐和年龄

认定为核部岩浆锆石的形成年龄。针对变质成因的新生锆石、变质锆石继承核、变质增生边测年得到一组上交点年龄，为（1955±45）Ma，认定为一期变质事件发生年龄。

　　下城湾太原组凝灰岩（L011）36 个分析点位中符合谐和要求的年龄有 29 个。CL 图像显示多数锆石为圆卵状、短柱状、粒径约为 80～100μm，呈浑圆状或次棱角状。少部分锆石呈长柱状，粒径可达 180μm 左右，长宽比约 1∶3，多为次棱角状。透反射图像显示锆石内部多具长条状包裹体，表面具烧蚀坑洞或裂

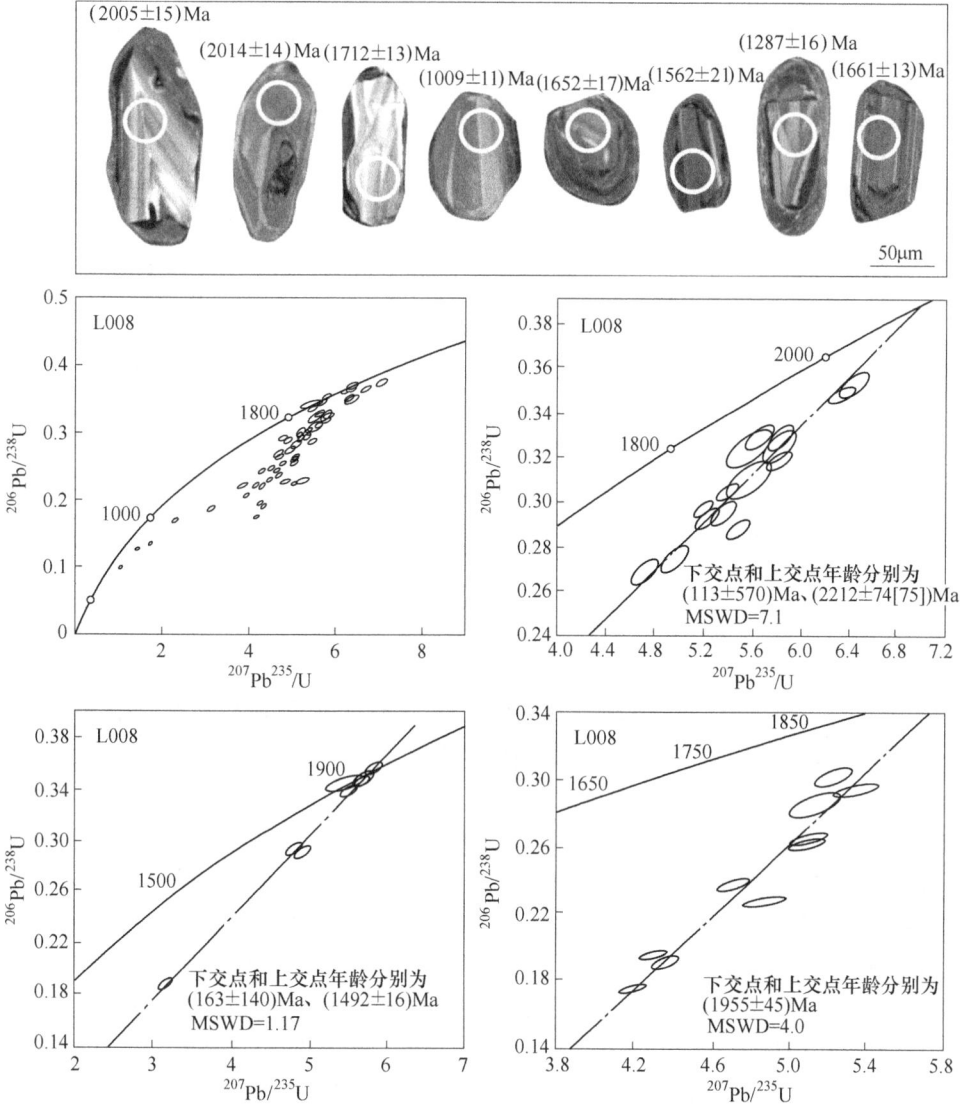

图 5-13 L008 锆石 CL 及 U-Pb 谐和年龄

缝。所有锆石 Th/U 均大于 0.4，多数锆石岩浆环带清晰。根据 Th/U、锆石内部结构、谐和图及年龄分布确定所有锆石均为岩浆锆石。^{206}Pb/^{238}U 年龄介于 294～310Ma，年龄极为集中，谐和年龄为（301.5±1.4）Ma，加权平均年龄为（301.7±1.5）Ma，如图 5-14 所示。

阿刀亥拴马桩组中粗粒岩屑砂岩（A002）60 个分析点位中符合谐和度要求（90%～110%）的年龄有 58 个，CL 图像显示粒径为 80～150μm，锆石磨蚀现象

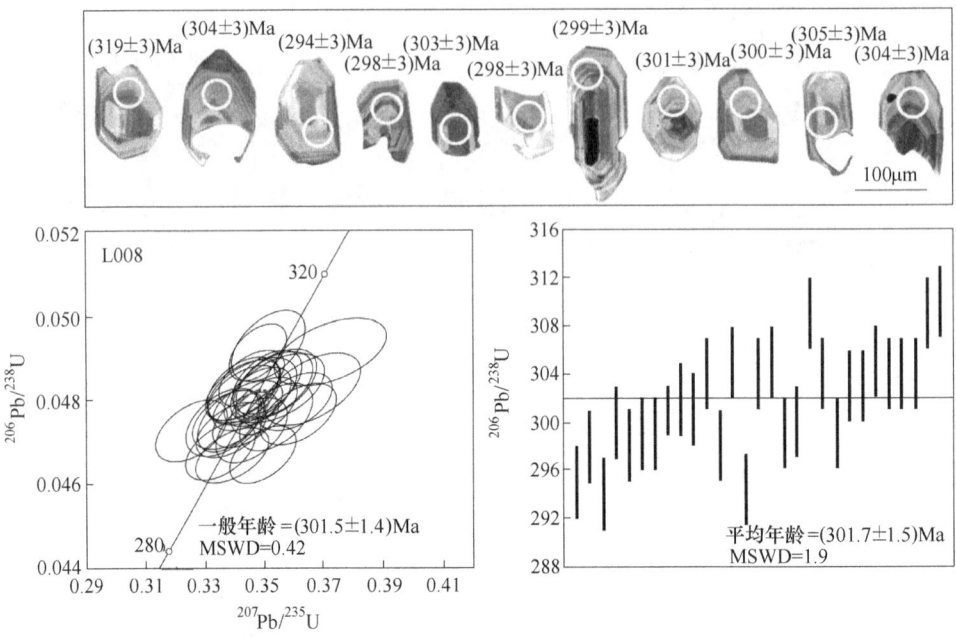

图 5-14　L011 锆石 CL 及 U-Pb 谐和年龄

明显，仅可见小部分锆石呈现完整晶型，棱角状-次棱角状与浑圆状比例相当，磨圆度不一。结合 Th/U、锆石内部结构、谐和图及年龄分布（见图 5-15）认为碎屑锆石存在 3 种成因，即岩浆成因锆石、具岩浆锆石继承核的变质增生成因锆石及变质成因的新生锆石。其中，变质成因的新生锆石最多，多为圆卵形，磨圆度较好，多具无分带、弱分带结构，晶棱圆滑，部分锆石内部结构呈斑杂状，可见烧蚀孔洞发育；其次为具岩浆锆石继承核的变质增生成因锆石，继承核内部具清晰韵律环带，边部可见宽窄不一的变质增生边，反映该类锆石经历了变质作用，为后期变质作用的产物，测年时选择了继承核内部进行打点，Th/U 均大于 0.4。岩浆成因锆石最少，该类锆石自形程度好，多数长宽比较大，呈浑圆状或次棱角状，内部结构均一，可见清晰的岩浆韵律环带，Th/U 均大于 0.4。

　　碎屑锆石测年结果显示年龄极其分散，介于 290~2854Ma 之间，对岩浆锆石和继承性变质增生锆石的继承核的测定得到一期岩浆活动的年龄，为（2466.2±13）Ma，对新生的变质锆石的测定得到 3 个上交点年龄，分别为（2467±62）Ma、（2034±120）Ma、（2868±310）Ma，认定为变质事件的发生年龄。

　　阿刀亥拴马桩组中粗粒岩屑石英砂岩（A003）58 个分析点位中符合谐和度要求（90%~110%）的年龄有 50 个。CL 图像显示粒径约为 50~150μm，个别可达 200μm。锆石多以圆卵状为主，长柱状、短柱状比例相当，磨圆度较好，多呈浑圆状，显示经历了较复杂的、远距离的搬运过程，部分锆石呈棱角状—次棱角

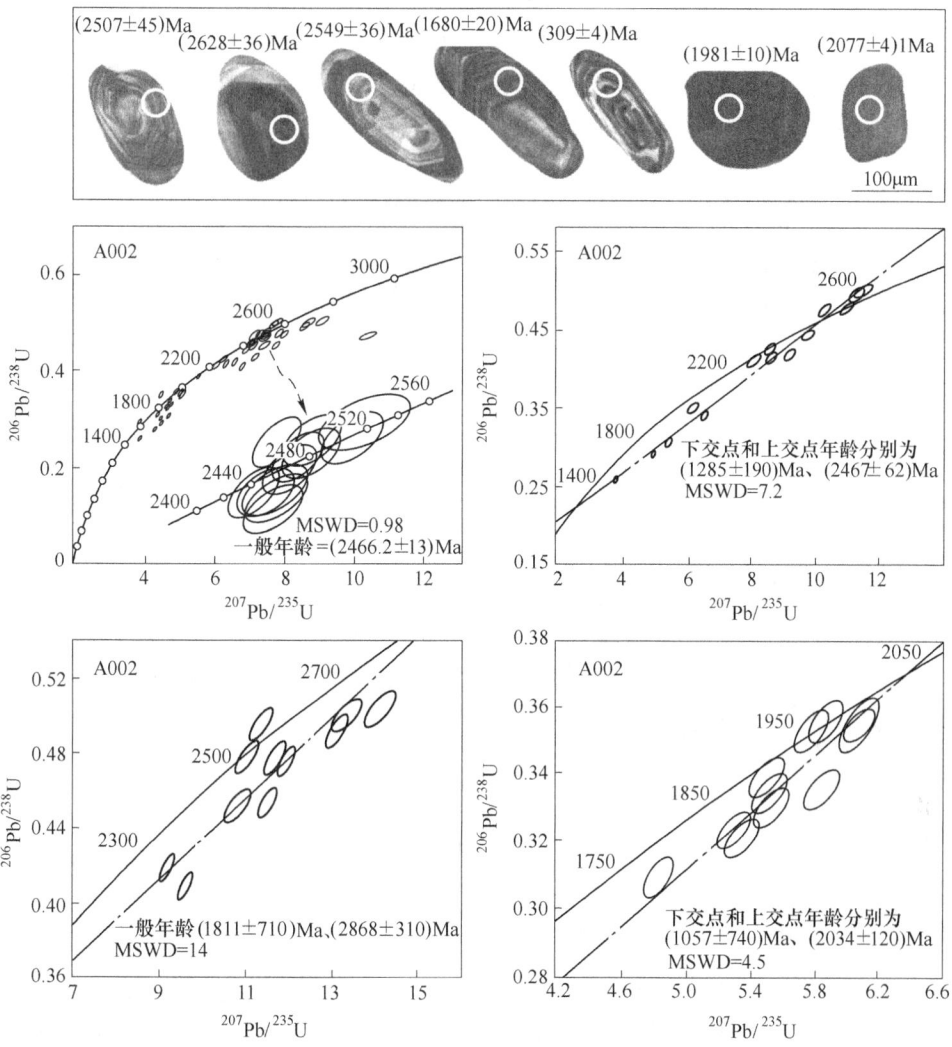

图 5-15　A002 锆石 CL 及 U-Pb 谐和年龄

状。根据 Th/U、锆石内部结构、谐和图及年龄分布认为碎屑锆石存在 4 种成因，分别为岩浆成因锆石、继承性变质增生成因锆石、捕获锆石和变质成因的新生锆石。其中变质成因的新生锆石最多，多呈无分带结构、弱分带结构、面状分带结构、扇形分带结构；其次为继承性变质增生成因锆石，继承核内部韵律环带模糊，在韵律环带上打点，Th/U 大于 0.4，年龄集中，指示为岩浆锆石继承核，边部可见明显的变质增生边。捕获锆石核部结构复杂，呈斑杂状、扇形分带状、海绵状等，边部可见清晰的岩浆韵律环带，在韵律环带上打点，年龄集中，Th/U 均大于 0.4；岩浆成因锆石最少，可见清晰的韵律环带，Th/U 均大于 0.4。

碎屑锆石谐和年龄介于309~3306Ma之间（见图5-16），针对岩浆韵律环带测年得到两组年龄，分别为（2313±17）Ma和（2038±23）Ma，认定为岩浆锆石的形成年龄；针对捕获锆石的核部和变质成因的新生锆石测年得到一组年龄，为（1889±120）Ma，认定为1期变质事件的发生年龄。

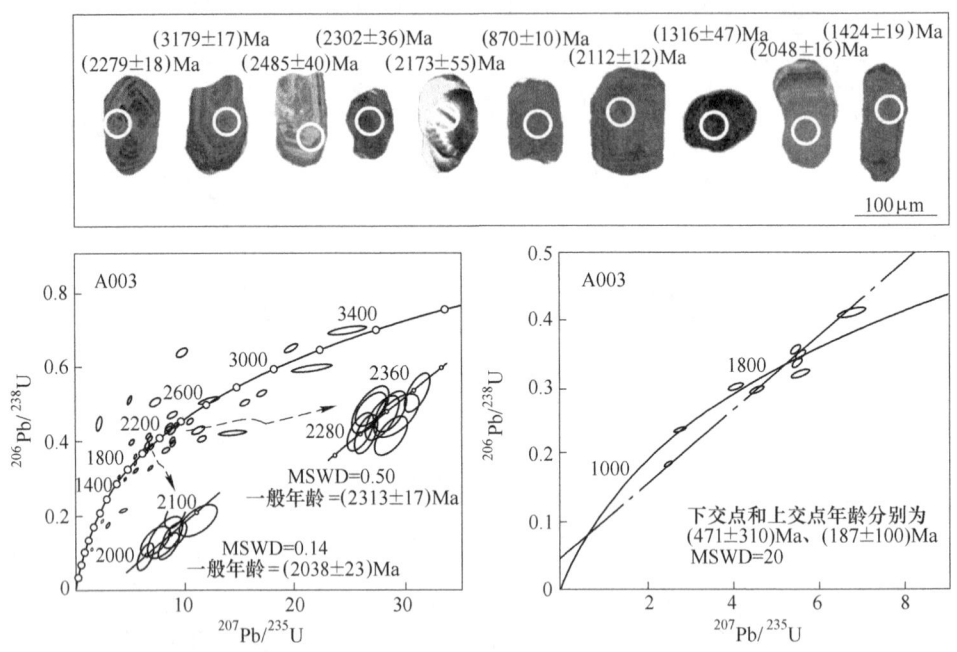

图5-16 A003锆石CL及U-Pb谐和年龄

5.3.4 碎屑锆石稀土元素分析结果

由于不同成因锆石的稀土元素配分模式存在差异，因此稀土元素配分曲线常被用于判断锆石起源[167-169]。受锆石形态结构影响，由于所有样品的碎屑锆石内部结构复杂，包裹体较发育，因此仅对下城湾太原组砂岩进行了稀土元素配分模式分析。通过对L008碎屑锆石稀土元素含量及分布特征的分析得到两种稀土元素配分曲线。一种为左倾斜Ce正异常Eu负异常型（图5-17（a）），另一种为左倾斜Ce正异常型（见图5-17（b））。两种锆石均显示LREE较HREE亏损，LREE/HREE介于0.01~0.37，轻重稀土分异程度高，∑REE含量介于0.0059%~0.7046%之间，平均值为0.2265%。Ce正异常Eu负异常型锆石δEu介于0.08~0.72之间，平均值0.47，δCe介于1.68~26.02之间，平均值5.64，显示明显的Eu富集、Ce亏损的特征。另一种Ce正异常型锆石δEu介于0.76~1.13之间，平均值0.94，显示极弱的Eu正负异常，δCe介于1.3~4.4之间，平均值1.87，显示弱的 Ce 正异常。

多数岩浆锆石的稀土元素配分曲线显示 LREE 亏损、HREE 富集的特征[167-169]，L008 中的左倾斜 Ce 正异常 Eu 负异常型曲线与前人的研究极其相似[169-171]，是典型的壳源岩浆锆石曲线。而左倾斜 Ce 正异常型曲线由于不具 Eu 异常或仅显示极弱的 Eu 异常，表明该类锆石的形成没有斜长石的参与，也即该类锆石为非岩浆锆石，应为受变质作用影响的变质锆石。结合锆石 CL 图及 Th/U，认为 L008 所测点位有两种，即岩浆韵律环带区域和变质新生区域，得到两种年龄，即岩浆活动年龄和变质事件发生年龄，变质事件发生年龄的个数远大于岩浆活动年龄的个数，指示锆石大多经历了变质事件的改造。

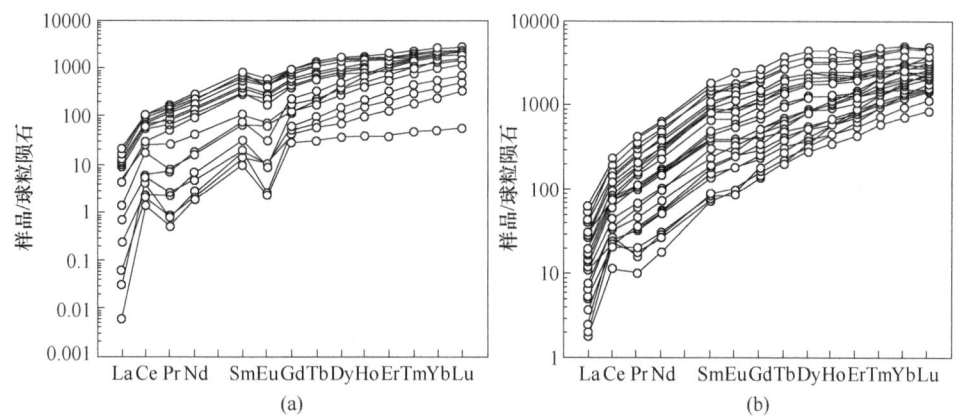

图 5-17 L008 碎屑锆石稀土元素球粒陨石标准化图解

(a) 左倾斜 Ce 正异常 Eu 负异常型；(b) 左倾斜 Ce 正异常型

5.3.5 Lu-Hf 同位素分析实验流程及实验结果

锆石原位 Lu-Hf 同位素分析同样在 CUGB 的 Milma Lab 采用 MC-ICP-MS 方法完成。采用 NewWave 193UC 型 ArF 准分子激光器剥蚀样品，多接收电感耦合等离子体质谱仪（型号为 Thermo Fisher Neptune Plus）进行分析。每个点位分析需经过 50s 背景空白、50s 剥蚀采样分析过程，10s 吹扫、清洁过程。数据的接收、转化使用 Neptune Plus 软件，最终的数据调试、处理采用 Iolite 软件[172]。实验过程中依据样品性质和数量间隔 6~10 个测试样品插入一个 91500 外标[173]，两个监测标 Plesovice[159] 和 GJ-1[158]。

锆石 Hf 同位素分析时应选择锆石 U-Pb 测年结果良好，谐和度高的锆石，首选岩浆锆石，同时也要兼顾其他类型的锆石。由于沙巴台、下城湾太原组和阿刀亥拴马桩组砂岩锆石表面多发育裂缝，内部富含包裹体，CL 图像显示表面斑杂不清，透射图显示内部复杂，在锆石 U-Pb 测年打点位置附近难以找到合适的 Hf

同位素分析位置，因此仅选取了下城湾太原组砂岩的 13 颗锆石测定。

样品 L008 的 13 颗锆石的原位微区 Hf 同位素分析结果显示 $^{176}Lu/^{177}Hf$ 比值介于 0.0001097~0.002132 之间，$^{176}Lu/^{177}Hf$ 比值介于 0.281438~0.282367 之间，除 28 号点外，其余点 $^{176}Lu/^{177}Hf$ 均小于 0.002，实验测得的 $^{176}Lu/^{177}Hf$ 可代表初始的 $^{176}Lu/^{177}Hf$。εHf（t）介于 -9.9~-0.3 之间的年龄对应的二阶段模式年龄 T_{DM2} 介于 2941~1707Ma 之间，主要集中于 1.7Ga、1.9Ga 和 2.5Ga 以上，以 2.5Ga 以上的年龄为主；εHf（t）介于 1.1~9.3 之间的年龄对应的二阶段模式年龄 T_{DM2} 介于 2555~2231Ma 之间，主要集中于 2.2Ga、2.4Ga 和 2.5Ga 左右，且以 2.5Ga 左右的年龄为主。

5.4　讨　　论

鄂尔多斯盆地周边存在多个地体，周边地体的构造运动对盆地的沉积—构造演化过程影响深远。晚古生代早期，盆地北部处于海陆交互相的沉积环境，华北克拉通北缘、西北侧的阿拉善地块、西南侧的秦岭-祁连造山带均有可能为研究区提供物源。

5.4.1　阿刀亥拴马桩组物源分析

盆地北部拴马桩组砂岩碎屑组分以单晶石英为主，长石含量极少，指示陆源碎屑经历了复杂的搬运过程，岩屑以沉积岩岩屑和变质岩岩屑为主，多数沉积岩岩屑遭受一定程度的变质作用，指示物源区为一变质岩为主的沉积岩、变质岩发育区，盆地北侧的阴山造山带和盆地西侧的阿拉善地块的巴彦乌拉山地区、龙首山、北大山地区均存在大量变质杂岩，具备为拴马桩组提供物源的可能。

Dickinson 三角图解显示拴马桩组砂岩样品均落入再旋回造山带，落点基本重合，指示物源单一稳定。华北克拉通北缘在晚古生代-早中生代处于碰撞造山阶段[174]，盆地西北侧的阿拉善地块由于构造位置特殊在整个古生代处于隆起状态[175]，两大地体均具备为拴马桩组提供物源的条件。

对拴马桩组砂岩存在的三种重矿物组成类型进行分析后认为物源区母岩应为岩浆岩。针对盆地北缘各地层的重矿物分析（见表 5-4），表明乌拉山岩群和集宁群富含石榴子石、锆石、独居石、钛铁矿等稳定重矿物，与拴马桩组对应良好，极有可能为拴马桩组提供了物源[120,136]。拴马桩组两件砂岩的重矿物 ZTR 指数大于 80%，成熟度高，反映陆源碎屑搬运过程复杂，A002 的重矿物 ZTR 指数为 56%，指示可能存在较近地区的物源输入。对拴马桩组底部叠瓦状排列的砾石倾向测定表明古水流来源于北侧，结合前人大量的古流向数据[127]认为拴马桩组沉积时存在来自北侧的古水流，并为陆源碎屑的搬运提供了条件。

表5-4 阴山造山带基底样品重矿物特征

样品编号	样品数/个	层位	重矿物组合及含量
B001	1	集宁群	石榴子石79.9%；黑云母11.4%；绢云母4.6%；磁铁矿2.6%；锆石0.8%；独居石0.6%
B004	1	乌拉山群	磁铁矿94%；钛铁矿1.6%；黄铁矿1.6%；黄褐铁矿1.3%；石榴子石1.0%；锆石0.5%
WSL001	1		角闪石84.3%；锆石12.4%；磁铁矿1.8%；磷灰石1.5%
HHWDE001	1		角闪石92.3%；绢云母6.3%；磁铁矿1.0%；黄褐铁矿0.1%；钛铁矿0.1%；锆石0.1%
ALSZQ002	1	迭布斯格群	角闪石99.6%；锆石0.2%；白钛石+板钛矿+锐钛矿0.1%；磁铁矿0.1%
DSM002	1	渣尔泰山群	白云母97.7%；磁铁矿0.9%；电气石0.7%；磷灰石0.3%；黄褐铁矿0.2%；角闪石0.2%
DSM006	1	色尔腾山群	角闪石87.1%；黑云母6.8%；磁铁矿4.2%；锆石1.2%；黄褐铁矿0.5%；磷灰石，0.2%

对碎屑锆石U-Pb定年分析结果统计后得到7组年龄，其中代表岩浆活动的年龄有（2466±13）Ma、（2313±17）Ma和（2038±23）Ma，代表变质事件发生的年龄有（1889±120）Ma、（2034±120）Ma、（2467±62）Ma及（2868±310）Ma。2466Ma和2467Ma、2034Ma和2038Ma的重合表明在约2030Ma和2460Ma左右构造运动同时导致了岩浆活动和变质事件的发生。（2868±310）Ma的变质事件指示物源区可能存在早于2.86Ga的古老地壳。结合周边地体的位置、隆升时段及前寒武系基底分布特征认为华北克拉通北缘和阿拉善地块存在为盆地北部拴马桩组提供物源的可能性。华北克拉通北缘发育诸多前寒武系地层，其中大青山-乌拉山地区出露的前寒武系地层主要包括新太古代色尔腾山岩群（绿岩）、古元古代美岱召群、乌拉山岩群等，乌拉山岩群分为上下两个亚群[176]，其中上乌拉山亚群的变沉积岩相当于该地区的孔兹岩系。孔兹岩系作为一高级变质杂岩，演化复杂，极有可能为盆地提供了物源。目前的研究表明，华北克拉通北缘孔兹岩系存在多期构造热事件，年龄跨度大约为2.6～2.4Ga、2.3～2.0Ga和1.95～1.85Ga[177-183]，针对孔兹岩带内大青山-乌拉山杂岩中的镁铁质岩的研究发现存在四期岩浆活动，具体为2.5～2.45Ga、2.3～2.1Ga、1.97～1.93Ga和1.85Ga，同时还发现四期变质事件，分别为2.45Ga、1.95Ga、1.90Ga和1.85Ga[177,184]，值得注意的是在2.45Ga左右构造活动导致了岩浆活动和变质事件的同时发生。

针对兴和岩群的测年表明原岩形成于 2.7~2.55Ga，在 2.55~2.45Ga 期间发生了一起大规模变质事件[185]。而对包头固阳地区花岗-绿岩地体、高级变质杂岩的研究表明原岩形成于 2.56~2.51Ga，于 2.5Ga 和 2.48Ga 经历变质事件[186]。大青山-乌拉山地区的诸多变质基底经历的多期次岩浆活动和变质事件与拴马桩组得到的多个岩浆活动年龄和变质事件发生年龄恰好对应，尤其是大青山-乌拉山杂岩在 2.45Ga 左右同时经历了岩浆活动和变质事件与拴马桩组得到的 2.46Ga 源区同时发生了岩浆活动和变质事件契合更能说明华北克拉通北缘大青山-乌拉山地区极有可能是拴马桩组的物源区。

阿拉善地块亦出露大面积的太古代-元古代的变质岩群，如形成于 2700Ma 左右，后在 2690Ma、1962Ma 和 1802Ma 左右发生变质的叠布斯格岩群[182,187-189]，形成于 2.3~2.2Ga 左右，在 1.94~1.91Ga、1.88~1.86Ga 左右发生变质的巴彦乌拉山岩组[174,187-188]；在（2522±30）Ma 存在岩浆活动，在（2496±11）Ma 发生变质重结晶的北大山杂岩[190]；在 2.3~2.0Ga 存在岩浆事件，在 1.95~1.90Ga 发生变质作用的龙首山杂岩[191]。虽然存在部分年龄与拴马桩组碎屑锆石年龄的对应，如 2700Ma 左右的岩浆活动、1900Ma 左右的变质活动，但整体对应差，大部分构造热事件的年龄与拴马桩组碎屑锆石年龄难以吻合，反映阿拉善地块为盆地北部拴马桩组提供物源的可能性极低，如图 5-18 所示。

综合沉积学分析和同位素地质年代学分析结果认为盆地北缘拴马桩组的物源区为华北克拉通北缘阴山造山带大青山-乌拉山地区。

5.4.2　沙巴台太原组物源分析

盆地西部太原组砂岩碎屑组分统计显示单晶石英的含量占比最高，长石含量极低，反映陆源碎屑经历了较为复杂的搬运过程，单晶石英得以富集。岩屑以变质岩岩屑和遭受变质作用影响的沉积岩岩屑为主，基本不含火山岩岩屑，指示物源区以沉积岩、变质岩为主。Dickinson 三角图解显示沙巴台太原组砂岩落入再旋回造山带，落点趋于一致，表明物源单一稳定。沙巴台太原组砂岩的碎屑组分分析、Dickinson 三角图解结果均与阿刀亥拴马桩组砂岩一致，根据前文述及的华北克拉通北缘和阿拉善地块分布的大量变质杂岩和碰撞造山带隆起时间认为二者均具备为盆地西缘太原组提供物源的可能。盆地西南侧的北祁连地区在泥盆纪—中三叠世处于稳定克拉通盆地沉积阶段[192]，北秦岭西段在石炭—二叠纪处于板内伸展阶段[193]，因此，秦—祁造山带不存在为盆地西缘太原组提供物源的可能。

针对沙巴台太原组砂岩重矿物组成类型的分析认为物源区母岩应以酸性岩浆岩和变质岩为主。重矿物多为极（超）稳定矿物和稳定矿物，重矿物 ZTR 指数均大于 80%，指示陆源碎屑经历了极其复杂的搬运过程。根据太原组砂岩流水波

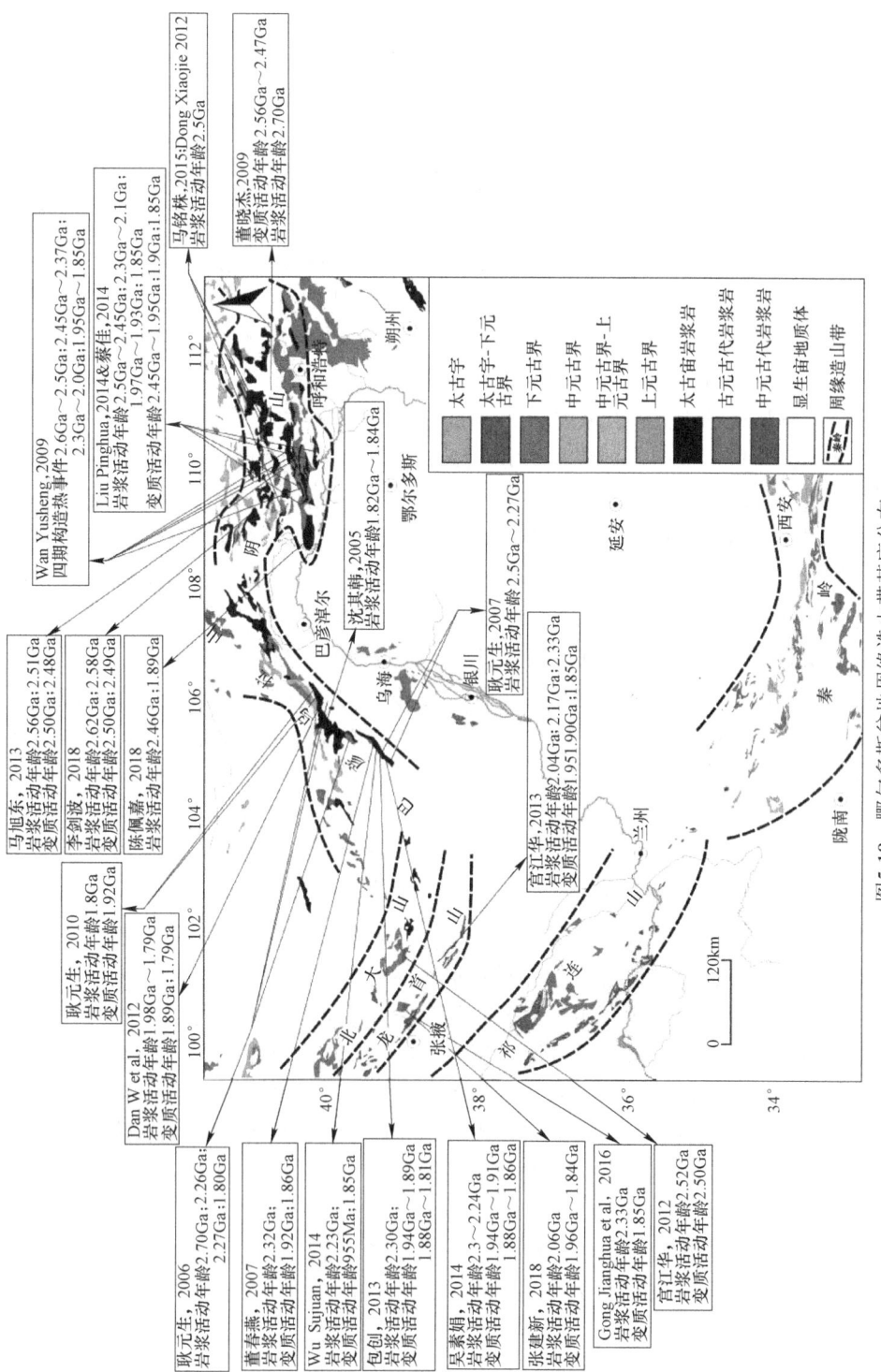

图5-18 鄂尔多斯盆地周缘造山带基底分布

痕的陡坡方向结合前人测定的大量古水流数据认为当时的主要古流向为南东向，为陆源碎屑搬运提供了条件。

碎屑锆石 U-Pb 测年分析结果表明物源区存在两期岩浆活动，年龄为（435±28）Ma 和 2286~2219Ma，三期变质事件年龄为 2728Ma、1872Ma 和 961Ma，2728Ma 左右的变质事件指示物源区可能存在早于 2.72Ga 的古老地壳。结合周边地体的位置、隆升时段、志留纪岩浆岩出露情况及前寒武系基底分布特征认为阿拉善地块和华北克拉通北缘均有为沙巴台太原组提供物源的可能。

阿拉善地块为一前寒武纪变质岩为基底的微陆块，前人将阿拉善地块分为东阿拉善地块和西阿拉善地块两部分，东阿拉善地块主要出露的岩层有叠布斯格岩群、巴彦乌拉岩群、阿拉善岩群、波罗斯坦庙杂岩和毕及格台杂岩五部分[189]。阿拉善岩群形成于中元古代；波罗斯坦庙杂岩为一套古元古代-晚古生代中-高级变质杂岩，主要由 2.5Ga 的 TTG 片麻岩、1.95~1.85Ga 片麻岩、1.8Ga 侵入岩和晚古生代的片麻岩、角闪岩和伟晶岩组成；毕及格台杂岩形成于新元古代；叠布斯格岩群主体形成于 2.45~2.05Ga 左右，后在古元古代经历多期构造热事件[187-189,194-196]。巴彦乌拉山岩群主要由片麻岩、角闪岩和大理岩组成，针对该杂岩带内的正片麻岩的大量测年数据表明巴彦乌拉山地区在 2.35~2.26Ga 存在大量岩浆活动，而变质事件主要发生于 1.94~1.76Ga 之间[175,188,196-201]，少量的数据表明巴彦乌拉山存在一期发生于 955Ma 左右的变质事件。西阿拉善地块主要出露的前寒武纪基底为北大山杂岩和龙首山杂岩。针对北大山杂岩的研究表明该区以片麻岩、角山岩为主，存在 2.5Ga 左右的岩浆活动和 2.5Ga、1.85Ga 的变质事件[190,202]。龙首山杂岩存在 3 期岩浆活动（2.06Ga、2.15~2.0Ga 和 2.33Ga）及两期变质事件（1.85Ga 和 1.95~1.90Ga）[198,203]。此外，受古亚洲洋俯冲造山事件影响，阿拉善地块发育一条大型晚古生代弧形构造—岩浆岩带，西起桃花拉山、北大山，东至巴彦乌拉山、狼山[204]。带内发育大量志留纪岩浆岩，分布于龙首山、诺尔公、狼山、雅干、恩格尔乌苏等地区[205-209]。显然，阿拉善地块巴彦乌拉山岩组、龙首山杂岩中发现的各期岩浆活动和变质事件发生时间与沙巴台太原组砂岩碎屑锆石测年得到的各年龄对应性极好。在巴彦乌拉山地区发现的955Ma 的变质事件恰好对应碎屑锆石测年得到的 961Ma 的变质事件发生年龄。阿拉善地块广泛存在的志留纪岩浆岩与碎屑锆石测年得到的 435Ma 的岩浆活动亦存在良好的对应关系。由此认为阿拉善地块极有可能为盆地西缘太原组提供了物源。

前述讨论阿刀亥拴马桩组物源时已总结了华北克拉通北缘可能提供陆源碎屑的兴和岩群和孔兹岩带已发现的多期构造热事件，2.6~2.4Ga、2.3~2.0Ga 和1.95~1.85Ga。虽然存在部分沙巴台太原组砂岩碎屑锆石年龄与孔兹岩系存在的构造热事件年龄对应的情况，如均存在 2.3Ga 左右的岩浆活动年龄和 1.87Ga 的变质事件年龄，但沙巴台太原组砂岩碎屑锆石测年结果中未发现更多的岩浆活动、变质事件年龄与华北克拉通北缘多期岩浆活动、变质事件对应。沙巴台太原组的物源区为华北克拉通北缘的可能性较小。综合沉积学分析和同位素地质年代学分析结果认为盆地西缘太原组的物源区为阿拉善地块。

5.4.3 下城湾太原组物源分析

盆地北缘东部下城湾太原组砂岩碎屑组分统计结果显示碎屑以单晶石英为主，多数样品不含多晶石英、长石、岩屑，部分样品可见少量沉积岩岩屑和变质岩岩屑，沉积岩岩屑多经历变质事件改造，物源区应为一沉积岩、变质岩发育区，陆源碎屑经历了较为复杂的搬运过程。Dickinson 三角图解显示下城湾太原组所有样品均落入再旋回造山带区域，落点高度重合，表明物源单一稳定。剖面上古水流波痕的陡坡指向170°，表明当时存在来自北侧的古水流。下城湾太原组凝灰岩的发现表明当时华北克拉通北缘受俯冲、碰撞影响引发了强烈构造活动和火山活动，301Ma 凝灰岩形成年龄将陆源碎屑的输入时间限定于晚石炭世末期，当时华北克拉通北缘处于俯冲、碰撞阶段，古老变质基底被剥蚀，碎屑极有可能依靠北高南低的地势依托古水流输入至盆地北缘东部地区。盆地东缘的吕梁山隆升始于早白垩世[210]，不具备为鄂尔多斯盆地提供物源的条件。

碎屑锆石 Hf 同位素分析结果显示 $\varepsilon_{Hf}(t)$ 为负值的年龄点的二阶段模式年龄 T_{DM2} 多介于 2.7~2.5Ga 之间，指示物源区在太古宙早期处于地壳增生阶段，如图 5-19 所示。二阶段模式年龄 T_{DM2} 介于 2402~2270Ma 之间的年龄点 $\varepsilon_{Hf}(t)$ 多为正值，指明 2.40~2.27Ga 形成的岩浆锆石可能直接形成于幔源岩石中或者幔源岩石在地壳中滞留时间很短，古老地壳未参与成岩。针对华北克拉通北缘形成演化的研究表明该区在 2.7~2.5Ga、1.9~1.8Ga 发生了大规模的地壳增生事件，2.2~1.8Ga 期间少量的幔源岩浆进入地壳，大部分是现存地壳组分的再循环[211,212]。这与下城湾太原组砂岩的锆石 Hf 同位素分析结果相同，指示物源区应来源于华北克拉通北缘。

下城湾太原组砂岩碎屑锆石 U-Pb 测年得到两个岩浆活动年龄，（1943±16）Ma 和（2112±74）Ma，一个变质事件发生年龄，（1955±45）Ma。两期岩浆活动、一期变质事件与前述大青山-乌拉山杂岩内存在的 2.3~2.1Ga、1.97~1.93Ga 岩浆活动和 1.95Ga 的变质事件对应性良好。受碎屑锆石内部大量包裹体和复杂的变质作用的影响，下城湾太原组砂岩碎屑锆石 U-Pb 测年得到的有效数据较少，未能得出与该杂岩其他期次岩浆活动和变质事件对应的年龄。但现有的资料表明华北克拉通北缘前寒武系的其他岩群鲜少发现 2.1Ga 岩浆活动，结合前述 Dickinson 三角图解得出的物源区单一稳定的结论、Hf 同位素分析得出的物源区为华北克拉通北缘的认识、野外实测的由北至南的古水流方向及前述的其他沉积

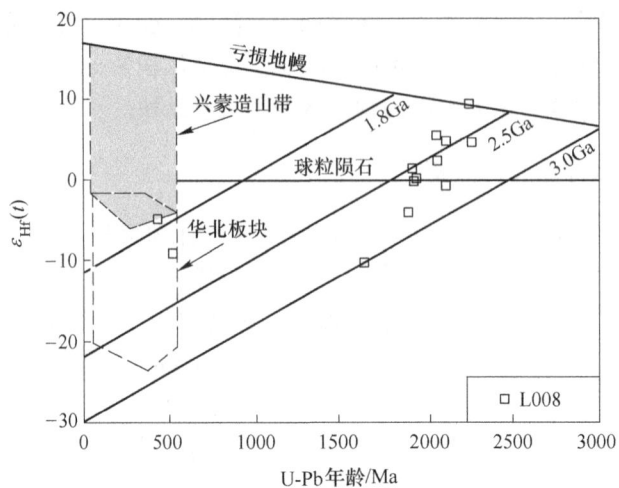

图 5-19　锆石 U-Pb 年龄与 $\varepsilon_{Hf}(t)$ 关系

学证据认为鄂尔多斯盆地北缘东部下城湾太原组的物源区位于大青山中段的土默特右旗—武川一带。

5.4.4　构造意义及古地理格局

鄂尔多斯盆地北缘的太原组和拴马桩组物源分析结果表明盆地北缘西部和中部、东部的物源区存在明显差异，北缘西部的太原组的物源区为整个古生代都处于隆起状态的阿拉善地块，中部的拴马桩组、东部的太原组物源区为华北克拉通北缘中段大青山-乌拉山地区，造成物源区分异的原因可能是晚石炭世—早二叠世存在的鄂尔多斯盆地南北向中央古隆起。

对鄂尔多斯盆地中央古隆起的构造演化历来备受关注，目前针中央古隆起的研究日益丰富，对中央古隆起早古生代的演化过程的认识也趋于一致[213-218]，认为中央古隆起原型始于寒武系早期，奥陶系受古祁连洋、古秦岭洋分别向东和向北的双向挤压应力影响，先后形成南北向和东西向的古隆起，最终形成"L"型格局。中晚奥陶世-志留纪，华北板块和扬子板块聚敛，西缘和南缘转换为活动大陆边缘的弧后边缘海环境。中志留世末期，各地体拼合，统一的古大陆形成。

早古生代鄂尔多斯中央古隆起的演化过程目前得到了较多的地质证据的支撑，形成了较为统一的认识，但对晚古生代的中央古隆起的演化过程的研究仍需加强。目前的研究表明，本溪期受中央古隆起影响，东西侧的古华北海和古祁连海被分隔，古华北海为地形平坦的陆表海，沉积稳定的本溪组，而西侧的古祁连海受裂陷盆地影响，发育靖远组和羊虎沟组。太原期，中央古隆起两侧的海水向中间蔓延，依据中央古隆起两侧的沉积砂体展布认为南北向中央古隆起被淹没，东西两侧海域合并，但两侧的沉积格局存在明显差异，表明中央古隆起演变为水下古隆起影响沉积过程[141,142]；受华北板块南北两侧板块双向应力的挤压，原来的"L"型中央古隆起在晚石炭世至二叠纪初期演化为"I"型中央古隆起[219]。更多的学者虽未指出太原期古隆起的具体特征，但均认可太原期南北向中央古隆起依然存在的事实[215-218]。山西期中央古隆起的范围进一步缩小，但仍可见对东西两侧沉积过程控制的痕迹。直至石盒子期，多数学者认为此时的中央古隆起彻底消亡。鄂尔多斯盆地呈现出中间低，南北高的古地理格局[219]。

　　基于前人的研究成果认为受裂陷盆地影响，鄂尔多斯盆地西缘多处剖面显示太原组厚度不均，自西向东减薄，而处于稳定的陆表海环境的盆地中部、东部煤层厚度则较为稳定。物源区东西分异的结果表明晚石炭世—早二叠世太原期鄂尔多斯盆地南北向中央古隆起依然存在，分别阻隔了盆地北缘和西缘地体被剥蚀的碎屑向盆地西部和中部搬运、沉积。受西伯利亚板块与华北板块碰撞的影响，鄂尔多斯盆地北缘逐渐形成了西北高、东南低的地势，剥蚀的陆源碎屑依靠古水流对盆地进行了充填，形成了现有的太原组，如图5-20所示。

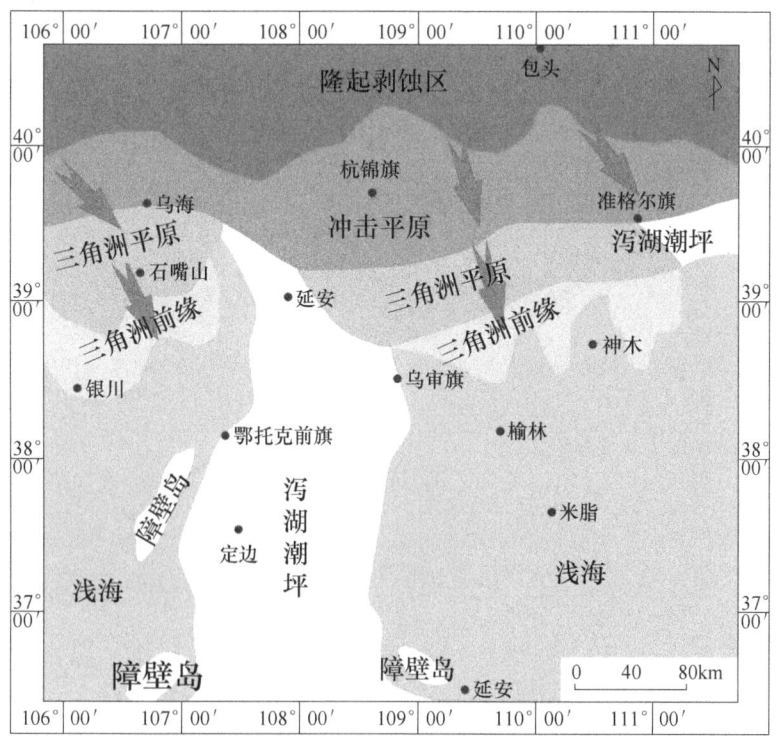

图5-20　研究区二叠纪古地理特征

5.5　本 章 小 结

（1）鄂尔多斯盆地北缘太原组及拴马桩组的物源区具再循环造山带的构造背景，岩石学特征、重矿物特征、锆石 CL 图、透反射图均表明物源区构造背景复杂，陆源碎屑搬运过程复杂。

（2）通过对比潜在物源区的岩石分布特征，结合传统沉积学物源分析方法，认为盆地西部太原组物源区为阿拉善地块，盆地北部拴马桩组和盆地东部太原组的物源区为华北克拉通北缘阴山造山带中西段大青山-乌拉山地区。

（3）盆地西部和中部、东部太原组物源区分异主要受盆地古地理格局的影响。阿拉善地块受南北向中央古隆起的影响不能为盆地中部提供陆源碎屑，同理华北克拉通北缘也无法为盆地西部提供陆源碎屑。

（4）下城湾太原组凝灰岩的发现表明华北克拉通北缘当时受到俯冲、碰撞，构造运动强烈，引发了火山活动。凝灰岩的定年结果将物源输入的时间限定在 301Ma 左右。

6 鄂尔多斯盆地西缘左旗呼鲁斯太石炭系—二叠系剖面沉积学研究

　　研究区阿拉善左旗呼鲁斯太位于鄂尔多斯盆地西缘，为贺兰山北部的重要地段，呼鲁斯太镇素有"煤城"之称。本章的内容主要以鄂尔多斯盆地呼鲁斯太地区石炭系—二叠系的剖面岩性、地质构造及沉积相的特征为研究重点，对该区石炭—二叠系剖面的地层、沉积构造和矿产资源进行了研究对比。

　　呼鲁斯太地区石炭系—二叠系是以下古生界作为基底的稳定沉积，在后期的演化中主要包括了印支运动、燕山运动、喜山运动等多期构造活动。因其受构造运动影响广泛，盆地内石炭系—二叠系被分割并断续出露。研究区出露的地层厚度约在 600~1400m 之间，晚古生代地层从上到下依次为陆相碎屑岩和海陆交互相的碎屑岩，且地层中含煤系分布区域广泛且发育情况较好。当前，呼鲁斯太地区晚古生代地层已经过多方面的研究，基本地层资料十分丰富。通过对实地考察、样品分析以及文献综述等基本方法，借鉴前人关于呼鲁斯太晚古生代的研究成果，对呼鲁斯太石炭系—二叠系剖面展开沉积学分析，结合野外观察和室内分析，总结其沉积演化、构造历史及古地理特征，它对于研究成煤事件的形成具有科学意义。

6.1　区域地质概况

　　鄂尔多斯盆地西缘包括贺兰山、桌子山及南边的中卫、中宁等地区，是我国北方连接东西部两个不同构造单元的地区[220]。在鄂尔多斯盆地西缘北部贺兰山、桌子山一带的石炭系—二叠系，呼鲁斯太相关地层出露较为完整、连续；该地区在地史时期紧邻祁连海、秦岭海，与贺兰山坳拉槽相邻，属于华北地层区。鄂尔多盆地是我国第二大产石油、天然气的盆地，富含上古生代的沉积物，地层岩性复杂，含丰富的石油、煤炭矿藏。因此，盆地西缘呼鲁斯太含煤岩系的剖面具有重要的科学研究价值。

　　呼鲁斯太区域处中国宁夏回族自治区西北山岭贺兰山的北侧，是阿拉善左旗沿山路段的重要地区。贺兰山山体海拔在 2000~3000m 之间，南北长 220km，东西宽 20~40km，主峰敖包圪垯海拔 3556m，属于中—高山地区，如图 6-1 所示。

　　贺兰山山体西侧地势和缓，与阿拉善高原相接，且有着丰富的自然资源，植

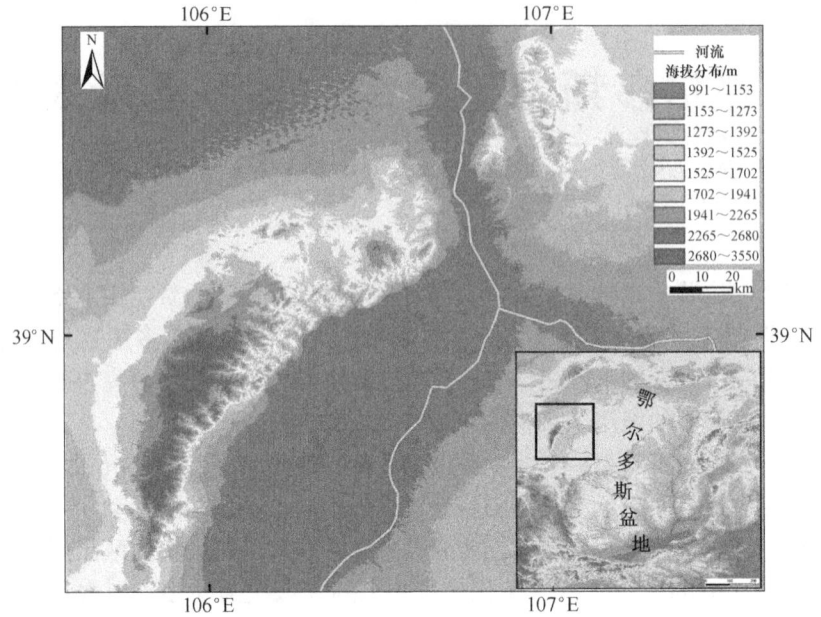

图 6-1 鄂尔多斯盆地西缘呼鲁斯太位置及海拔分布

被垂直变化带明显，海拔从高到低依次为高山灌从草甸带、云杉林带、针叶和阔叶混交林、阔叶林带；主要动物有 180 余种，如马鹿、盘羊、豹、蓝雉、岩羊、雪豹等；山区内存在贺兰石、铁、镁、铝、硅石等多种矿产资源，并在 1988 年被国务院认定为国家级的自然保护区，面积共 6.1 万公顷。呼鲁斯太研究区位于荒漠草原带，包括腾格里沙漠东北侧，以蒙汉民族杂居放牧为主要生活习惯，该地区属于大陆性气候，少雨干旱，多风沙，冬季寒冷，夏季炎热，总体干燥，昼夜温差小，四季差异明显，年平均气温为 7.4℃。7~9 月集中为雨季，年降水 238mm，3~5 月为风季，多西北风，它是季风与非季风的分界线，同时也是我国 200mm 降水的分界线。

呼鲁斯太研究区石炭系相对发育。1944 年，李星学和斯行健在该地区开展地质调查，并研究了其中的古植物化石；1955 年，关士聪把贺兰山、桌子山一带的石炭系—二叠系命名为"卡布其系"；之后，刘厚贤等人将石炭系认定为太原统，并分为 4 组；1960 年时，在贺兰山含煤系的研究中，丁培民肯定了研究区内的石炭系中统本溪组的存在，并简略描述了区内石嘴山、桌子山等地中石炭统的分布以及地层发育特征；1961 年，将当地的石炭系归于太原统，并分为 3 组；1979 年，王仁农实测了该研究区石炭系剖面[221]。

鄂尔多斯盆地东部的晚古生代地层有广泛分布的海陆交替含煤地层，其底部分布有铁矿及铝土矿夹灰岩、薄煤层，整体厚度较小，不超过 50m，区域内所含有的化石以腕足类、植物类为主；鄂尔多斯盆地西部晚古生代地层则是一套以陆相为主的海陆交互沉积，分布广泛，厚度变化较大，从几十米到几十米，含有腕足动物、植物化石；呼鲁斯太地区晚石炭系早期的沉积与鄂尔多斯盆地西部相似，在划分区段上该研究区使用"羊虎沟组"为名[221]。

由于基底深受不同构造格局的影响，导致鄂尔多斯盆地东、西部存在差异，其界线大概位于东经107°附近，因此，在鄂尔多斯盆地东部、西部形成了两个大不相同的构造区。鄂尔多斯盆地为太古界和下元古界变质岩系的形成提供了基础，它是一个长期且大规模的多旋回克拉通构造演化的产物，盆地内的沉积盖层主要由前寒武系、寒武系、奥陶系、石炭系、二叠系等共同组成。

从内蒙古呼鲁斯太地区地质图可以看出（见图6-2），研究区东南部出露大

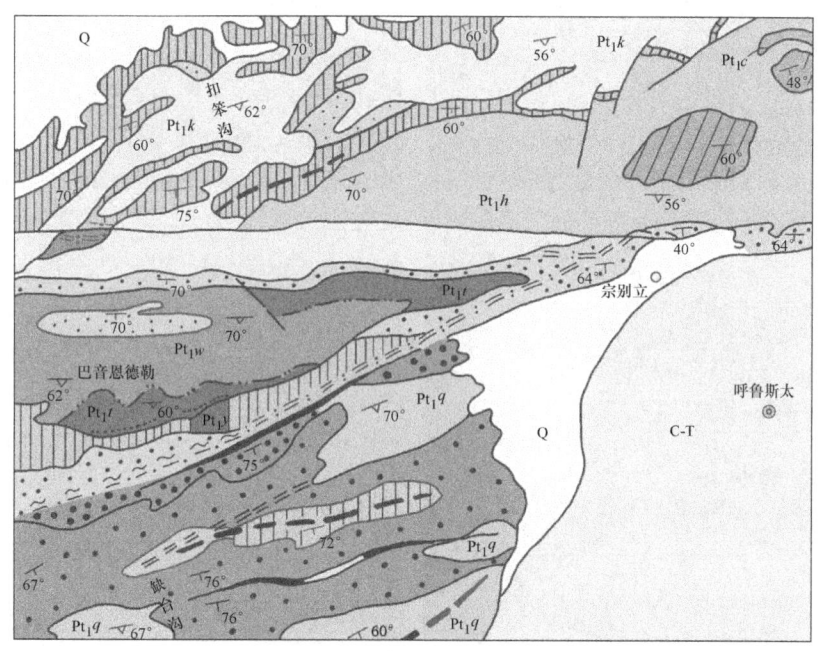

图6-2 内蒙古呼鲁斯太地区地质

片石炭系—二叠系，北西邻的宗别立地区以第四系为主，北与阿愣呼都格变粒岩组接壤，西部靠缺台沟单元（碱长石花岗岩），在该区域也有古生代地层露头[223]，如图6-3所示。晚古生代，鄂尔多斯盆地西缘的构造活动形成了西、北方向的构造形迹，并在燕山运动的基础上经喜马拉雅运动加以发展和完善。

图 6-3　鄂尔多斯盆地西缘呼鲁斯太古生代地层露头

呼鲁斯太地区位于贺兰山北缘，与贺兰山拗拉槽相邻，属华北-塔里木大区中的祁连—贺兰山区。呼鲁斯太现存太古代贺兰山群的变质杂岩，以富含铝片麻岩和长英质变粒岩的岩性为主，还有部分大理岩、麻粒岩等。研究区内的变质程度已达到高角闪岩相、低麻粒岩相之间，主要变形构造表现为中深层次的剪切塑性变形，伴随形成变余鞘褶带、古糜棱岩带、强变形带、流变褶皱。本区段内按照岩性、变形构造可依次将剖面划分为三个岩组，依次划分为柳树沟片麻岩组、阿愣呼都格变粒岩组和秃鲁根变粒岩—大理岩组，且该研究区基本形成于晚太古代—早元古代，其变质变形年龄为1800~2000Ma[222]。

黄汲清于1965年在贺兰—六盘地区发现了一个大的沉积层，且该层位内发育有剧烈的断裂、褶皱构造，便将其称为"鄂尔多斯西缘断裂带"，因为它与鄂尔多斯坳陷区的稳定发育有很大不同。贺兰山主要北东向的褶皱断裂属于新华夏系。鄂尔多斯盆地西缘的构造沉积序列的演化与贺兰山、北祁连海以及西秦岭海的发育有着密不可分的关联。

在鄂尔多斯盆地的演化的过程中，它可根据其地质历史构造的变化分为以下6个阶段。

（1）3.5-2.5Ga是该地区地台基底发育的早期阶段：这一阶段主体以华北地台基底的发育演化为主。3.5Ga华北地台都被深海环境所包围，此后地壳逐渐变薄，伴随有地幔物质不断增多，在早太古代火山活动更加活跃、剧烈，产生了多种中基性—中酸性的火山建造，如拉斑玄武岩、火山碎屑岩等。后期受到造山运动的影响，沉积地层不断褶皱、发生隆起、增厚。在变质和变形作用的双重叠加下，出现了以片麻岩穹隆构造、与深成混合岩相伴而生的古老花岗岩及绿岩建造等。在研究地区，太古代早期发生了集宁旋回，且以火山沉积作用、变质作用为基础，晚太古代发生乌拉山旋回，该活动变化导致了几个相互不存在联系的镁质、硅铝质地块发生增生、扩张变化，并在后期汇合、凝聚为一个整体，由此形成了华北地台基底的雏形。

（2）在早元古代华北地台的形成过程中，沿乌拉山、大青山、色尔腾山一带发生了火山沉积，并伴有一系列海相的基性拉斑玄武岩发育；同时，古大陆周缘发生了沉积作用，表现为海相火山碎屑岩和碳酸盐岩的建造。华北地台的构造运动和岩浆活动频繁，这有利于华北地台形成稳定的基本构造。早元古代末期的色尔腾山运动阶段，区内地壳因造山运动而加厚固结，并发生克拉通化和岩浆作用，华北地台基本稳定。华北地台形成后，向西延伸至阿拉善台隆，向东至山西台隆。

（3）中、新元古代，属于盖层发展阶段，盖层沉积是指一套古老的结晶基底之上有一套相对稳定的陆源碎屑岩沉积建造，且无火山活动。根据贺兰山地区、渣尔泰地区及白云鄂博的沉积分布特点，在华北地台中、晚古生代的沉积盖层仅限于这些地区。

（4）在古生代，鄂尔多斯盆地主要表现为陆表海的沉积环境，海水从华北海和祁连海入侵古陆，后经长期风化、侵蚀，使地形逐渐平原化，陆壳稳定。海侵事件在中寒武世进一步扩大，并在晚寒武世时发生海退，导致该地区有表层海洋沉积物的形成构成了一套完整的海进—海退沉积旋回。鄂尔多斯盆地在中石炭世、晚石炭世海侵、海退的交替变化导致上石炭统海陆交互沉积建造的形成，该变化有利于形成海陆过渡相沉积体系，并在早二叠世发育有含煤沉积层建造的河流相、湖泊相和沼泽相。

（5）中—新生代是坳陷盆地的发育阶段，同时也是其内陆盆地的发展时期，在此阶段沉积有红色细碎屑岩，植被不发育，以河流相沉积、湖泊相沉积为主。

（6）新生代为现代地貌形成阶段。在此期间，大量砂质泥岩、泥灰岩、灰质结核在盆地西部沉积，主要以含石膏沉积建造为主；鄂尔多斯盆地开始沉降，底部有底砾岩分布，它们是湖泊-河流相沉积的产物。鄂尔多斯盆地主要包括基底岩系和盖层的发育，而其现代地貌是在新生代喜马拉雅运动影响下形成的。

6.2　呼鲁斯太石炭系—二叠系剖面特征

在武汉地质学院的剖面测量基础上，长庆油田开发研究所和南京地质古生物研究所对呼鲁斯太地区进行了专题调查和剖面测量，并收集了呼鲁斯台沉积地层的相关资料。本书借鉴前人资料，绘制呼鲁斯太石炭系—二叠系的综合地层柱状剖面图，如图 6-4 所示。

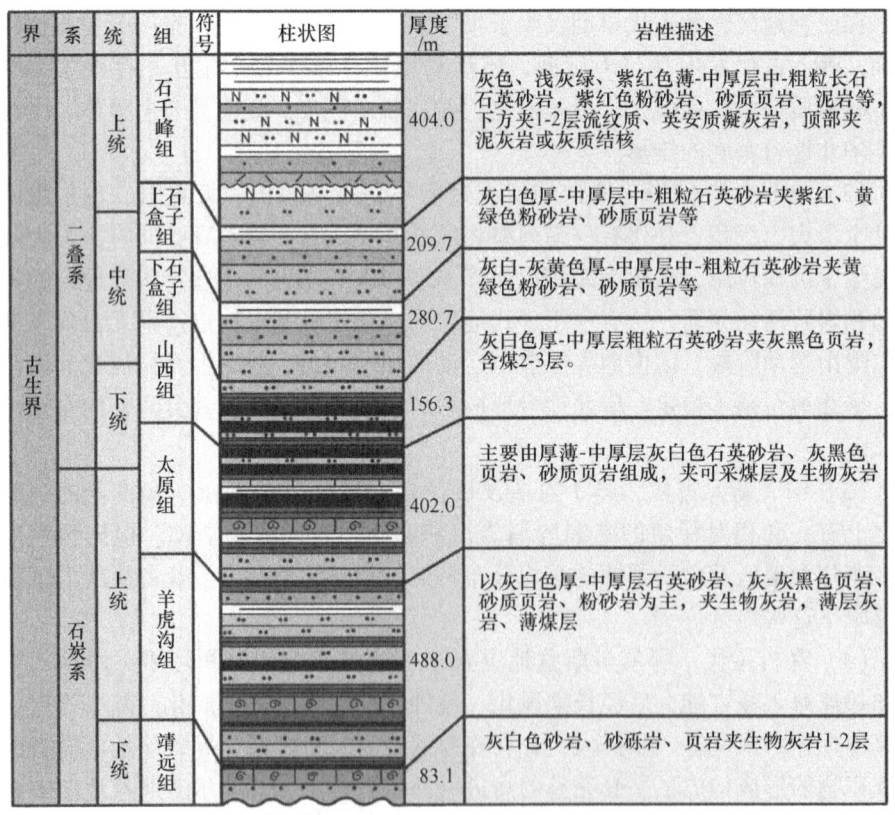

图 6-4　呼鲁斯太石炭系-二叠系综合地层柱状图

呼鲁斯太石炭系—二叠系从下到上、由老到新，可划分为厚度 83.1m 的下石炭统的靖远组，本组段以灰白—浅灰色砂岩、砂砾岩、页岩为主，并夹有 1~2 层生物灰岩；向上延伸为厚度 488.0m 的上石炭统羊虎沟组，以灰白—浅灰色厚—中厚层石英砂岩、灰—灰黑色页岩、砂质页岩、粉砂岩为主，其中夹有少量较薄层的生物灰岩、灰岩及煤层；上石炭统太原组的厚度为 402.0m，主要成分为薄—中厚层灰白—浅灰色石英砂岩、灰黑色页岩、砂质页岩等，地层中夹有可采煤层及薄层生物灰岩。

下二叠统山西组厚度为 156.3m，主要由灰白色厚—中厚层粗粒石英砂岩、灰黑色页岩组成，夹 2~3 层薄煤层；下石盒子组厚度为 280.7m，表现为灰白色、灰黄色厚—中厚层中—粗粒石英砂岩夹黄绿色、黄褐色粉砂岩、砂质页岩等。上石盒子组厚度为 209.7m，主要由灰白—浅灰色厚—中厚层中-粗粒石英砂岩夹黄绿色、紫红色粉砂岩、砂质页岩等组成；上二叠统石千峰组总厚度 404.0m，岩层以钱灰色、黄绿色、紫红色薄—中厚层中—粗粒长石石英砂岩为主，部分夹有紫红色粉砂岩、砂质页岩、泥岩等，且组内下段含有 1~2 层流纹岩、英安质凝灰岩，顶部则夹有泥灰岩或灰质结核。

图 6-5（a），（b）底砾岩在石炭系—二叠系均有分布，它在呼鲁斯太研究区的沉积剖面中位于海侵层位最底部的侵蚀面，代表了在一个较长期的沉积间断后，会有全新的沉积过程开始，且在不整合面或假整合面上有底砾岩发育。一般情况下，下伏地层风化剥蚀的砾石为底砾岩的来源，其结构和成分的成熟度高，以稳定的岩屑为主，主要分布在海侵层序的最底部，在底砾岩的底部存在沉积间断。该地层存在的底砾岩成分相对简单，主要为砂质—粉砂质成分，粒度由下到上从粗变细，呈面状分布，覆盖在不同的下伏岩层上，且颗粒的整体磨圆度较高，分选性好，杂质含量少。

图 6-5（c）为研究区内的太原组灰黄色砂岩，石英含量较高，结构稳定，绝大部分由石英或长石组成，推测为河流相沉积体系中形成。图 6-5（d）的太原组灰岩，含较多陆源碎屑，含有较多的化石。

图 6-5（e），（f）均为呼鲁斯太剖面 14~18m 样品，所在层位表现为厚度 20cm 的砂岩，中间部分是灰黑色泥岩，顶部为粉红色的厚层砂岩，并夹有薄层泥岩，且灰黑色泥岩部分受到严重破坏。图 6-5（g）为剖面上部 46m 处黄色厚砂岩，层厚约 1m，主要为二叠系山西组。

图 6-5（h）为生物灰岩，具有生物结构，一般形成于安静水体之中，在呼鲁斯太石炭系—二叠系剖面下，从靖远组到羊虎沟组及太原组，自下到上均有薄层生物灰岩分布；图 6-5（i）为寒武—石炭界线处竹叶状灰岩，有砾石呈竹叶状，通常代表风暴潮的海洋中形成，该样品来自三山子组，代表了寒武系顶部层位。图 6-5（j）为灰白色砂岩，在石炭系—二叠系内均有分布；图 6-5（k）是

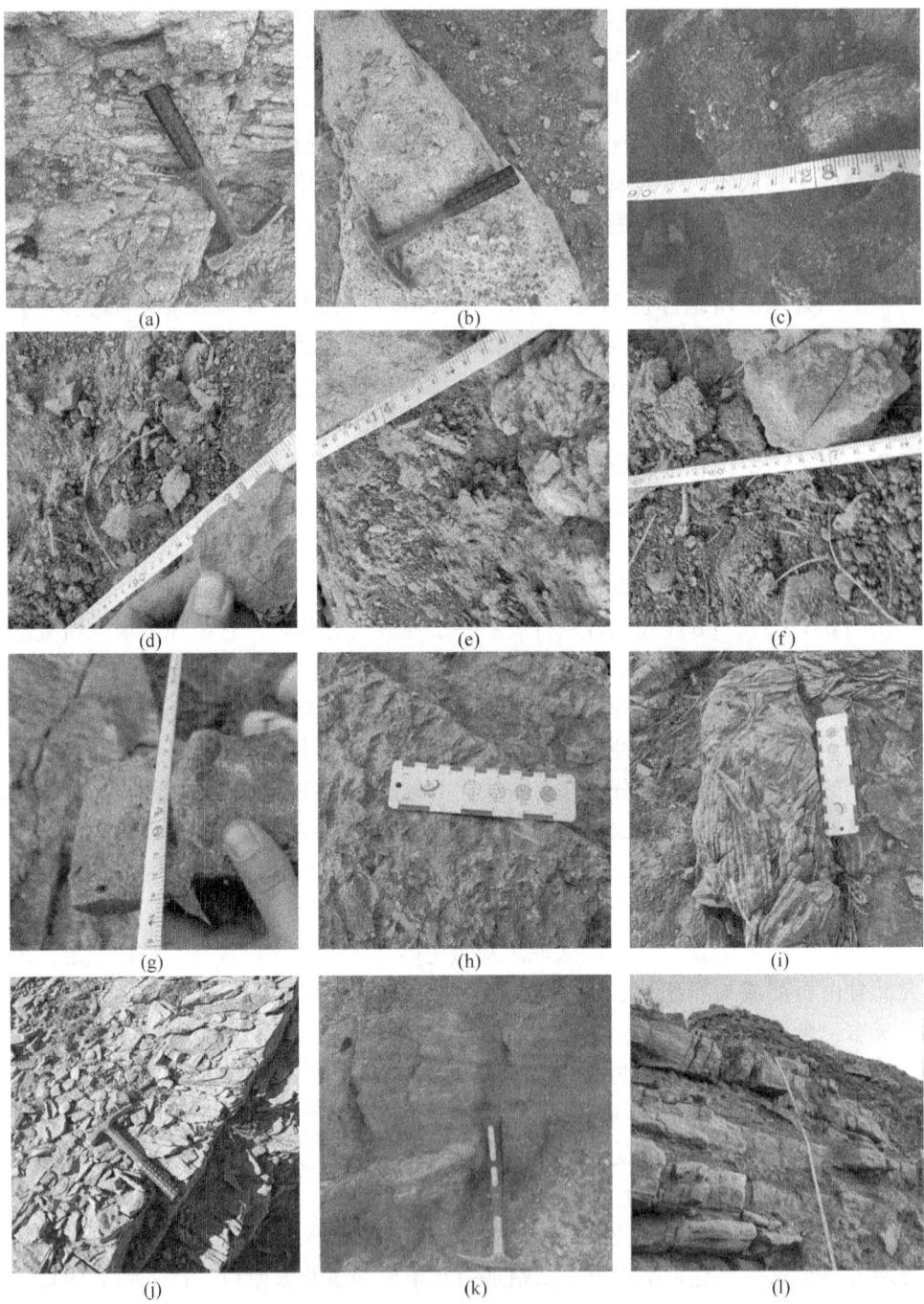

图6-5 呼鲁斯太寒武系—二叠系剖面野外照片

（a），（b）底砾岩；（c）灰黄色砂岩；（d）灰岩；（e，f）砂岩；（g）厚层砂岩；（h）生物灰岩；（i）寒武-石炭界线处竹叶状灰岩（三山子组）；（j）砂岩；（k）砂岩（交错层理）；（l）呼鲁斯太石炭系—二叠系剖面典型交错层理的红色砂岩，主要分布在二叠系中统下石盒子组和上统石千峰组。

呼鲁斯太研究区是单斜构造形态的地层，走向北西，倾向南西，倾角为 $20°\sim30°$。呼鲁斯太北部有6组发育平缓的褶曲，它们在石炭系有局部分布，其断裂发育包括正断层、逆断层以及逆掩断层，但主要为正断层，其断层总数可达41条。研究区内仅有北部的两条断层的规模发育较大，其余断层整体发育不明显。区内南部的微缓褶曲共有51组，断层发育87条，除了4条较明显的正断层外，其余断层大部分为逆断层或者逆掩断层[223,224]。

呼鲁斯太研究区内石炭系—二叠系剖面自下而上、从老到新主要由石炭系上统的羊虎沟组、太原组，二叠系下统的山西组、下石盒子组，以及中统的上石盒子组和上统的石千峰组共同组成。

上石炭统羊虎沟组（C_2^2）分布面积广，厚度变化较大，有良好的生储盖组合发。该层内曾发生过剧烈的构造运动，沉积环境频繁变化，受古地貌演化、物源供给、古气候、海平面等多因素影响，导致砂体沉积较复杂。该地层的岩性主要表现为灰—灰黑色页岩与灰白—浅灰色长石石英砂岩、细砂岩不等互层。自上而下，表现为由砂岩夹灰岩的多韵律沉积特征，岩性较粗，以滨海相为主，区内南部有大量含动物化石的浅海相页岩、粉砂岩。

上石炭系太原组（C_2^3）厚度达402m，本组岩性主要表现为白色、灰白—浅灰色中—厚层粉砂岩、细砂岩、中—粗粒砂岩及含砾砂岩，并含有灰—灰黑色、黑色泥岩、砂质泥岩、炭质泥岩，下方可见部分灰—黑色泥灰岩，夹层偶尔可发现贝类化石。本组总体以泥岩为主，夹中—细粒砂岩、粉砂岩，所含煤层多薄而不稳定，基本上属滨海三角洲相沉积体系，且以呼鲁斯太—石嘴山一带滨海沼泽相、泥炭沼泽相比较发育。

下二叠统山西组（P_1^1）厚度156.3m。该组上段主要以灰白—浅灰色中—厚层石英粗砂岩、细砂岩为主，并和深灰色、灰黑色、黑色砂质泥岩、炭质泥岩及薄层泥岩相互层，其中夹薄煤层有2~3层；下部分为白色-灰白色厚层砂岩，灰黑-黑色泥岩以及炭质泥岩，偶夹有较薄的黏土岩层，且泥岩中含有丰富的植物化石，并普遍有炭屑存在[225]。本组基本上属于滨海三角洲相沉积体系，表现为一套河流相-湖泊相-泥炭沼泽相交替发育的沉积组合，且呼鲁斯太—石炭井—石嘴山一带泥炭沼泽相沉积比较发育。下二叠统山西组内含有丰富的植物化石，如截楔叶、马齿楔叶、华夏齿叶等。

中二叠统下石盒子组（P_1^2）总厚度280.7m，岩性为白灰色、浅灰色、深灰色、灰绿色薄-中层含砾粗砂岩、中粒砂岩、细砂岩、粉砂岩，其中含有灰—深灰色或灰褐色的泥岩、砂质泥岩，且在岩层中可见云母类碎片。本组下部可见个别植物化石碎片，夹较薄层的炭质泥岩及煤线，含可采煤层 2~3 层，但总体煤资源的质量表现不佳。本组岩性大同小异，但其中砂岩层和砂质页岩层沿其走向相变较急剧，属河流相沉积。本组植物化石与分布在华北下石盒子组中期的华夏植物群 B 期基本相似。

上二叠统上石盒子组（P_2^1）厚度为 209.7m，夹有灰白色、灰绿色及浅灰色、黄绿色的长石石英砂岩、石英砂岩，并含有灰绿色、紫红色和深灰色的粉砂岩、粉砂质泥岩、泥质砂岩，以及部分浅灰-灰色泥岩；其底部为灰白色厚层粗粒砂岩，因为岩层基本色调为灰白色、黄绿色和紫红色，表明本组属于河流相沉积。

上二叠统石千峰组（P_2^2）此名开始用于 1922 年，为瑞典人那林命名，当时称为"石千峰系"，特别是在 1959 年以后，随着地质工作的深入，原意为"石千峰系"或"石千峰群"已告解体。后来，"石千峰群"中的刘家沟组、和尚沟组重新被分出，并归划到下三叠统，而其下部分在 1975 年开展的华北二叠系专题会议决议中被正式改名为"石千峰组"。本组岩层的总厚度是 404.0m，上部分以灰—灰绿色中—厚层含砾长石石英砂岩、长石砂岩、长石岩屑砂岩及紫红色粉砂岩、砂质泥岩、泥岩的互层为主；中部的岩性为紫红色、深灰色、灰色、灰绿色中—薄层含砾粗砂岩、含砾细砂岩、粉砂岩、泥岩为主，以及灰白色、浅灰色、灰色砂岩，棕褐色、紫红色含砾砂岩、泥岩、砂质泥岩[225]。下部的岩层岩性为紫红色、深灰色、灰绿色中—薄层含砾粗砂岩、含砾细砂岩、粉砂岩、泥岩为主，并存在灰白色、浅灰色、灰色、深灰色砂岩及紫红色、棕褐色含砾砂岩、砂质泥岩和泥岩。本组基本上属河流相沉积。在呼鲁斯太—沙巴台一带有火山岩分布，呼鲁斯太剖面下部分有两个层位，其岩性表现为 2~6 层的英安质-流纹质凝灰岩；在研究区内的西南方发育为炎热气候下的湖泊相沉积，且沉积物以火山灰为主。本组在呼鲁斯太剖面中发现了孢粉化石，多数为二叠系常见属，个别气囊分化较好的花粉出现于二叠系纪，三叠纪地层也较常见。

6.3 呼鲁斯太石炭系—二叠系沉积体系

本书研究区呼鲁斯太剖面主要表现为陆相沉积和海陆过渡相沉积，区内表现有具单元结构的河流相沉积，混合过度的湖泊相—河流相—泥炭沼泽相沉积，沼泽泥炭相的生物沉积，滨海沼泽相沉积，以及具有机械沉积分异规律滨海相沉积。

据资料表明，呼鲁斯太石炭系上统羊虎沟组以滨海相沉积为主；石炭系上统太原组基本属滨海三角洲相的沉积体系，且以呼鲁斯太—石嘴山一带有滨海沼泽相、泥炭沼泽相比较发育；二叠系下统山西组是河流相—湖泊相—泥炭沼泽相沉积相互交替，和石炭系上统的太原组基本属滨海三角洲相沉积体系，且在呼鲁斯太地区开始，到石炭井、石嘴山一带有泥炭沼泽相沉积的发育；二叠系下统下石盒子组，以及其上统上石盒子组均发育为河流相沉积；二叠系上统石千峰基本属于河流相沉积，但在呼鲁斯太—沙巴台一带表现为炎热气候下的湖泊沉积。

6.3.1 陆相沉积

陆相沉积，概括论述为发生在陆地环境内的沉积现象。其可详细可描述为出露于地表的风化产物经过风力、水力、冰川等外界作用，再经由物理、化学和生物的侵蚀、搬运、堆积，最终沉积于陆表部分的物质。陆相沉积在其外部的表现环境与媒介物质动力上体现有多种变化，因此会导致陆源沉积物的复杂性，且基本上以岩石碎屑为主，碎屑颗粒大小不一，岩性较种类多样，整体相变较大。

在地质学科中通常会将陆相沉积根据其形成的原因划分为残积、坡积、重力堆积、洪积、河流沉积、湖泊沉积、沼泽沉积、冰川沉积、沙漠相沉积、风积及地下水沉积（含洞穴沉积）这十一个种类，且其中以河流沉积最为普遍。陆相沉积的沉积物整体多含有二元结构，呈半韵律结构，并常含有淡水生物或植物，比较常见泥裂等外露在大气环境下的地质现象，也可见交错层理、平行层理。根据前人的研究资料以及实地考察分析，呼鲁斯太研究区当前表现为河流沉积、湖泊沉积的主体。

河流沉积体系，即在某一河流环境的内部，形成一套具有成因联系的沉积相组合，该沉积的特征将取决于当地的河流类型，而河流类型则根据河道的形态特征的变化而改变。地质学中，在所有的河流沉积体系发展状况下，当前以曲流河、辫状河、网结河最为常见。呼鲁斯太上石炭统太原组曾发现一套由辫状河演化为辫状河三角洲型沉积体系的现象，证实有辫状河沉积的存在[226]。而辫状河又可以进一步因成分构成而被区分为砾质辫状河、砂质辫状河和富泥的辫状河，如图6-6所示。

辫状河形成的地表坡度处于中—陡之间，宽度较大但河道弯曲程度较小。因此辫状河的水流会绕着心滩进行重复的分支与汇合变化，作用于主河道并将其分为若干次级河道。在辫状河沉积体系中，心滩可以体现出该河道的主要地貌特征：低水位时，心滩会暴露在外；高水位时，则易被淹没。降雨集中的洪水期下，辫状河得到补给，并夹带有大量泥砂，河岸常遭受流水裹挟泥沙的侵蚀，导致河道迁移速度加快。

鄂尔多斯盆地西缘石炭系表现为一套相对完整的陆源碎屑岩夹碳酸盐岩的沉积，且在晚石炭世之前有辫状河沉积体系，后续演化中，该体系在晚石炭世进积到海盆中心，并形成了辫状河三角洲的沉积体系[226]；处于辫状河沉积体系中

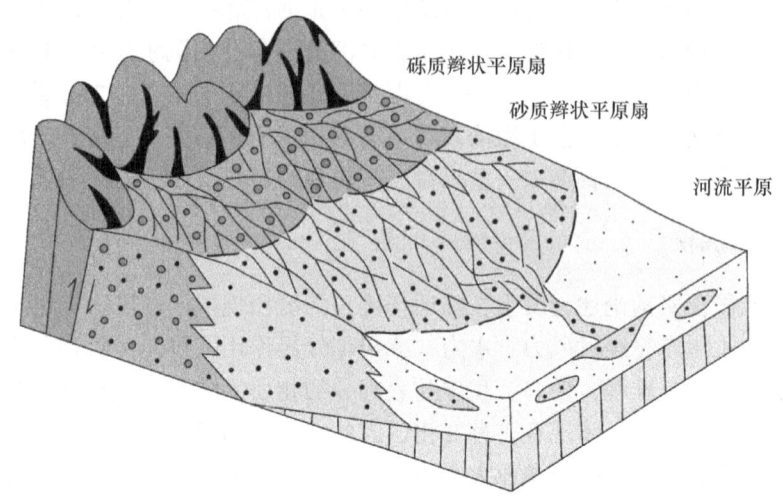

图 6-6 鄂尔多斯盆地断裂活动带边缘辫状平原扇沉积模型

时，该地区表现为平原环境，有辫状河道在古水流入湖后形成水下分流河道，主要由砂岩、砾岩组成，呈下粗上细的透镜体，且岩性主要以中、粗粒砂岩为主，并因为河道环境而含有少量泥质杂质。辫状河沉积体系下，研究区晚石炭世所形成的河床边线不稳定，边滩不发育、心滩发育，河床宽度与深度之比较大。

内陆地区中有类似小盆地的地域被水储存满则可称之为"湖泊"。湖泊沉积体系，即在陆壳上所形成的大型坳陷盆地或裂谷、拉张盆地内，由湖泊环境中形成的一套各自具有成因关联的沉积相组合。且湖泊沉积体系主要由滨湖沉积、半深湖沉积、深湖沉积这三个类型组成。

呼鲁斯太研究区内的湖泊沉积体系整体表现相比河流沉积并不明显，发育较差。研究区内在该环境下主要有黏土、砂等碎屑沉积，但砾石较少，发育一般，自湖滨到湖心碎屑颗粒从粗变细，呈圆环形排列，水平层理较发育，明显可见交错层理、浪成波纹交错层理等构造。该环境内分层发展，沉积物分布垂直，从下到上沉积时期为从老至新。

6.3.2 海陆过渡相沉积体系

海陆过渡相沉积常发育于滨海地区，是海洋环境与大陆环境之间过渡而形成的沉积物，含盐量较多，因为该沉积作用受到海洋、陆地的双重影响，所以环境内常存在大量藻类、有孔虫、软体动物等化石。海陆过渡相沉积又叫海陆混合相沉积，该体系主要发育为三个类型，即三角洲沉积体系、障壁岛—潟湖沉积体系、无障壁的碎屑海岸沉积体系。研究区内，呼鲁斯太石炭系—二叠系的剖面主要表现为三角洲沉积体系和潟湖—潮坪沉积体系。

河流沉积体系进一步发育，将会演化为三角洲沉积体系。三角洲平原以平坦为主要的地形特点，这类地区对于水体的流经具有加深河道和减缓流速的影响，在该地势地形下，容易导致河道向外发生频繁且活跃的侧向迁移，并多级次分流汇合，并导致该地形下的河道分流而形成分支状或网状。

呼鲁斯太研究区内有一套因为辫状河进积到海盆中而形成的辫状河三角洲沉积，它主要由辫状河三角洲前缘、前三角洲的两个亚相组成。在本研究区内，主要由水下分流河道沉积、河道间沉积、河口砂坝及远砂坝四个部分共同构成辫状河三角洲前缘，其水下分流的沉积河道是组成辫状河三角洲前缘的主体，该研究区内的岩性以中-粗粒砂岩为主，含有泥质杂质。砂体中侧积交错发育明显，构成了呼鲁斯太剖面的主要沉积类型。该环境下，由于河道变换较快、迁移频繁，河道间的沉积物往往受到更强烈的侵蚀和破坏，常以大小不等的透镜状形态出现在河道砂体上[226]。且区内地层由下到上，砂岩变化从中、细粒砂岩到粗粒，有平行层理、中型交错层理和小型交错层理共同发育，平面整体分布稳定，厚度较薄，也可形成沙纹层理。前辫状河三角洲位于辫状河三角洲前缘且靠近深海区域，主要由辫状河三角洲泥组成，存在有灰绿色、深灰色和黑色薄层泥岩、页岩及砂质页岩，岩层内偶尔夹有灰岩，其中可能含蜓类化石，而泥岩层和页岩层中时常出现水平层理。

呼鲁斯太剖面主要表现为三角洲—滨岸平原沉积，该环境下剖面可先后发育为前三角洲、三角洲平原、三角洲前缘及滨岸平原，其微相后期发育演化为水下分流河道、河口坝、潟湖、沼泽等[227]。其中主要在靖远组内体现三角洲前缘-三角洲的沉积环境，且该段内呈现水进到水退的交错变化，并有风化壳在较下部位形成，岩层内可见槽状、板状层理的含砾粗砂岩，属三角洲前缘沉积。该环境内由下到上逐渐变为泥页岩、粉砂岩，但其中粉砂岩层的厚度相较于泥页岩更薄，较上部位夹有薄层泥灰岩，下部分则有含生物碎屑的灰岩。

在羊虎沟组下段部分主要发育为三角洲前缘-三角洲平原的沉积环境，该沉积层下部以中-粗粒砂岩为主，含有少量砾石，大体呈槽状、板状，有平行层理发育；羊虎沟组中部含有较多的泥岩，是三角洲前缘沉积，剖面呈透镜体，平面砂厚度变化较大，且沉积水体较深，在剖面上具有三层结构，河口坝沉积发育；该组剖面的顶部为三角洲平原沉积，含有中-粗粒砂岩。本环境下共同发育有槽状、板状、平行层理和沙纹层理，沉积厚度呈下厚、中薄、上厚的演化趋势，并夹有植物及生物介屑化石，整体可分为两个完整的旋回。研究区内太原组主要岩性为页岩，夹灰岩和煤层，砂岩表现为块状层理，因本环境内水动力较弱，所以形成了滨岸平原沉积。

呼鲁斯太研究区石炭系上统太原组平均厚度为 226.98m，地层整体厚度从西向东逐渐增厚，是区内主要的含煤、产煤地层，共有煤层 7 层[225]；该地层含砂率和厚度分布总体上基本相似，从中部、西部向东部呈递增趋势，基本属于滨海三角洲相沉积体系的潟湖-潮坪环境。由于相对海平面的抬升，导致潟湖环境的地下潜水面升高，会形成有利于泥炭堆积的泥炭坪和木质沼泽环境[228]。本沉积环境下相对安静、低能，该剖面层理类型多变，一般多出现为水平层理、塑性变形层理，斜层理不发育，生物化石种属较单调，以粉砂质泥岩、粉砂岩、粉砂质黏土岩及黏土岩为主，可能夹有砂质黏土岩，少见或者无粗碎屑岩沉积。横向来看，由滨海向内陆，沉积物的颗粒从粗变细，整体呈带状分布。研究区处于潟湖—潮坪的沉积环境时，区内沉积物的相对粒度偏细、分选性较好。

6.4　呼鲁斯太石炭系—二叠系古地理演化

鄂尔多斯盆地，是华北板块西缘较为典型的克拉通边缘叠合盆地[229]。该盆地的古地理发育与华北板块一脉相通，且鄂尔多斯盆地边缘的古海槽具有多期开合演化的变化形式，所以导致鄂尔多斯盆地在整体演化过程中深受古海槽变化的控制与影响，同时导致了该盆地在演化过程中独有的特点和复杂性。根据资料表明，鄂尔多斯盆地的演化、发展时至今日，主要经历过以下八个阶段[229]。

太古宙—古元古代是华北地区克拉通构造下结晶基底形成的阶段，该期间经历了多次强烈的造山活动，且鄂尔多斯盆地的结晶基底形成阶段主要在太古代—早元古代时期；古元古代以来，大陆逐步裂解，形成刚性陆块并开始活动，先后出现拗拉槽、大陆边缘、裂谷及内陆盆地，鄂尔多斯盆地在此期间主要发育为陆缘裂谷和陆内拗拉槽；中元古代晚期—新元古代早期是大陆汇聚的阶段，地台隆升，使该区内部分沉积层缺失；在新元古代—早古生代的中奥陶世，为盆地边缘发生断裂坳陷和陆内坳陷的时期，以海相碳酸盐岩的岩性为主要特征；早古生代晚奥陶世-晚古生代早石炭世，为鄂尔多斯盆地边缘发生强烈碰撞的造山阶段，这一时期内盆地发生隆升、剥蚀暴露；晚石炭世到二叠纪末期是鄂尔多斯盆地的裂解阶段，形成了海陆交互相沉积；中生代是鄂尔多斯盆地陆内坳陷的阶段，其边界抬升并整体斜倾，演化发育出河流相、三角洲相及湖泊相沉积；鄂尔多斯盆地边缘的断陷阶段则发生在新生代。

在华北克拉通结晶基底形成的阶段内，鄂尔多斯盆地的演变主要经过了五台运动、吕梁运动，以及后期的晋宁、加里东、海西、印支、燕山、喜马拉雅等多种构造运动。鄂尔多斯盆地在众多古构造运动的控制影响下，形成了海相碳酸盐岩台地相沉积、海陆交互相含煤碎屑岩沉积、内陆河流-三角洲-湖泊相沉积、风成黄土和河流相沉积[229]。鄂尔多斯盆地西缘晚石炭世相对海平面的变化为先慢后快的海侵和海退，其中极少数为正常速率的海退。在晚石炭世，鄂尔多斯盆地在整体上构成一个较大的海侵-海退旋回，其变化相当于二级海平面变化旋回，可划分出 16 个海进-海退层序。在相对海平面上升达最高点时，沉积了海相泥岩、生物碎屑泥灰岩，古海岸平原被碳酸盐岩台地覆盖；相对海平面下降，海相泥灰岩暴露地表、接受侵蚀，开始海退，或形成海退沉积体系[230]。

鄂尔多斯盆地是华北板块的一部分，它的演化和发展与主体是密不可分的，且整体运动旋回的发展以基底形成、裂解、汇聚、离散、汇聚、造山、裂解、汇聚、造山、掀斜、断陷为主[229]，且在不同时期有着各具特色的构造-沉积格局，对于油气的形成、蕴藏有重要意义。

总之，鄂尔多斯盆地阿拉善左旗呼鲁斯太石炭系—二叠系剖面沉积地层走向北西、倾向西南，具单斜构造。在其石炭系—二叠系剖面沉积环境下，岩层具有韵律沉积规律，多以砂岩、泥岩、页岩为主，偶夹黏土岩，该区域发育有陆相沉积和海陆交互相沉积，其中以一套三角洲沉积体系为主，内有含煤岩系，且成煤条件主要与三角洲平原的沼泽沉积环境有关。呼鲁斯太研究区晚古生代海陆交互相沉积内有丰富的化石。受贺兰山褶断束的影响，石炭系—二叠系也存在潟湖-潮坪环境，并形成了含煤地层；且研究区内煤层沉积厚度相对较大，埋深适中，有较大的煤层气勘查开发前景。

7 鄂尔多斯盆地准格尔旗黑岱沟— 窑沟石炭系—二叠系剖面沉积学研究

鄂尔多斯盆地查明的煤炭储量就已经占全国的39%。从20世纪80~90年代起，盆地的煤炭勘探就已经在上古生界开展，盆地北部准格尔旗地区，煤勘探取得了显著的成果，探明、控制煤地质储量累计超过500亿吨。

从区域地质、构造演化、含煤地层、沉积特征、聚煤条件等方面对准格尔煤田的沉积特征进行了分析，认为鄂尔多斯盆地准格尔煤田的整体沉积环境是本溪期的局限台地和障壁海岸体系；太原期的海侵范围不断扩展，形成了河流-三角洲沉积体系。沉积环境和层序格架是准格尔煤田煤层形成的重要控制因素。

准格尔旗黑岱沟石炭系—二叠系露头剖面，发育良好，是研究鄂尔多斯盆地及整个华北地区晚古生代盆地沉积特征和油气生储盖组合的一个"地质窗口"。黑岱沟露头出露地层有石炭系本溪组、二叠系太原组、山西组、下石盒子组，发育海相、海陆过渡相、陆相等多种沉积相类型，对研究鄂尔多斯盆地沉积演化的历史具有重要意义[231,232]。研究该区域煤田含煤岩系沉积特征及沉积环境，揭示准格尔旗的沉积演化过程和聚煤条件[233]，能为我国的矿产资源开发提供有力的科学依据。准旗煤田太原组沉积环境及其聚煤特征的探讨，对华北地台北缘太原组沉积环境的研究有理论价值，对准旗煤田今后进一步勘探中的煤层对比等工作具有重要意义[234-236]。

利用高分辨率层序地层学理论和方法识别层序界面，将鄂尔多斯盆地东部石炭系—二叠系划分为4个长期旋回（LSC1-LSC4）、8个中期旋回（MSC1-MSC8）、19个短期旋回（SSC1-SSC19），建立了高精度层序地层格架。鄂尔多斯盆地东部本溪组与太原组之间为区域沉积结构转换面，发育9号煤层，太原组和山西组之间的界面表现为山西组底部砂岩直接与太原组顶部6号煤层呈不整合接触，且6号主采煤层是世界上独特的与煤共（伴）生的超大型镓矿床。

上石炭统本溪组及下二叠统太原组在该局限地区成矿差异性发育[237]，煤中铝与镓在盆地东北缘准格尔旗黑岱沟、哈尔乌素6号煤层集中富集[238]，准格尔旗黑岱沟煤矿是6号煤层最厚大地段，厚达50m左右。黑岱沟6号煤层巨厚，哈尔乌素6号煤层、矸石、铝土矿层中含有超常含量的镓和稀土，这是特殊地质背景、沉积古地貌与古沉积环境下的特定产物。准格尔超大型镓矿矿床中镓的特殊载体为煤中非常少见的勃姆石，属于沉积成因，来源于沉积盆地北偏东隆起的本溪组风化壳铝土矿。该煤-镓矿床中显微组分特征与煤相的研究，可以为镓及其特殊载体勃姆石的来源、迁移和富集等提供成因依据，为同类矿床的寻找和研发提供理论参考。

7.1 区域地质概况

鄂尔多斯盆地位于华北板块西部，以山西隆起为界划分出东部为华北平原。鄂尔多斯地块的基底为前寒武系变质结晶岩系，其构造形式呈东高西低、北高南低的不对称状。它的形成与古阴山和秦—祁造山带的构造演变有很大的关系，是一个复杂的陆内多期造山和成盆过程。盆地从太古宙—元古宙开始，在基底和过渡基底形成期之后，经历了陆缘海盆的形成时期，由于南、北造山带的相对俯冲，华北板块不断抬升，中奥陶世—中石炭世的地层缺失。内克拉通形成期为晚古生代，这一时期，由于盆地内与盆地边界的差异抬升，使古陆肩隆与其东西两侧的沉积区沉积幅度有较大的差异，这是导致本溪组和太原组在此局限区域内成矿差异的直接原因，铝和镓在盆地东北缘准格尔旗黑岱沟和哈尔乌素6号煤层中富集，也是鄂尔多斯盆地最厚大的煤层。准格尔旗黑岱沟—窑沟地层剖面位于鄂尔多斯盆地东北部，行政划区属鄂尔多斯市准格尔旗，该地区海拔在700～1300m，区域内流经黄河及支流（见图7-1），地貌主类型主要为黄土高原和丘陵。

7.1.1 区域构造特征

鄂尔多斯盆地是一种典型的克拉通叠合盆地，其形成与发展与华北板块的构造活动密切相关；各个时代地层一般多数为连续沉积或假整合接触，缺失古生界志留系和泥盆系地层。盆地的构造演变可划分为6个时期，由老到新依次为盆地基底形成期（太古代—早元古代）、大陆裂谷发育期（中、晚元古代）、克拉通盆地边缘凹陷期（早古生代）和克拉通盆地碰撞边缘形成期（早古生代—早中三叠世）、大型内陆坳陷期（晚三叠世—白垩世）、盆地周缘断陷发育期（新生代）。

7.1.2 区域地层特征

鄂尔多斯盆地发育有大量的寒武系地层，呈环带状，镶嵌在鄂尔多斯盆地的边缘。其中，晋西地层小区的河津西磑口、渭北地层小区的陇县牛心山和西缘地层小区的贺兰苏峪口剖面出露情况良好，化石资源丰富，对研究寒武系地层层序和岩石、化石组合特征具提供了重要依据。整个寒武系分为上统、下统、中统，以白云岩和灰岩为主，是典型的碳酸盐岩岩系。

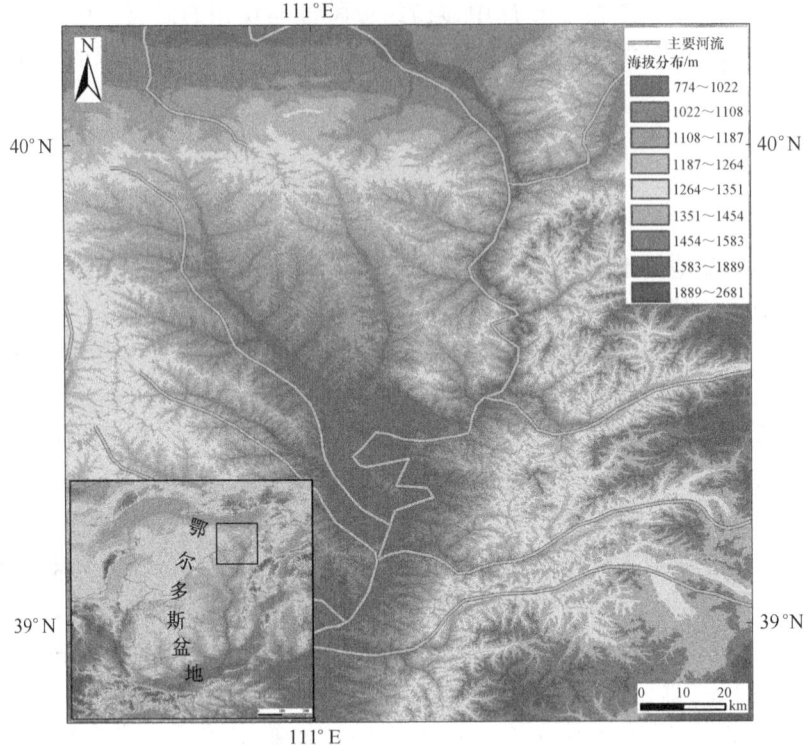

图 7-1　准格尔旗地区地形与海拔分布
(Aster 数字高程数据, 分辨率 30m/pixel)

　　鄂尔多斯盆地周边的奥陶系属于华北地区最完整的克拉通坳陷地层, 其地层出露十分完整。奥陶系可划分为下、中、上三统, 马家沟组发育较为良好。其中, 冶里组、亮甲山组主要在盆地东缘及贺兰山地区发育, 马家沟组是鄂尔多斯盆地分布最广的一套海相碳酸盐岩, 也是奥陶系天然气勘探的主要层位。在盆地的西、南边缘, 均有大量的平凉组分布, 而背锅山组只在盆地的南部边缘出现。鄂尔多斯盆地奥陶系的研究已有 90 年的历史, 其研究成果丰富, 为奥陶系划分和对比打下了坚实的基础。

　　鄂尔多斯盆地周边地区的上古生界石炭系分布广泛, 而二叠系分布十分有限, 只在晋西、贺兰山、平凉、桌子山和渭北地区有分布。石炭系地层是一套陆源碎屑岩、泥质岩、碳酸盐岩为主的地层, 划分出的四个组中, 太原组可跨越石炭系与二叠系。二叠系主要是粗碎屑和泥质体沉积构成。在二叠系的划分上, 多数学者同意将二叠系分成三个部分, 即三统六阶, 由下到上依次为紫松阶、隆林阶、栖霞阶、茅口阶、吴家坪阶和长兴阶, 与鄂尔多斯盆地西缘、东缘和南缘的太原组、山西组、石盒子组、石千峰组等相对应; 下石盒子组埋藏深度高, 只在盆地周边区域有出露, 如图 7-2 所示。

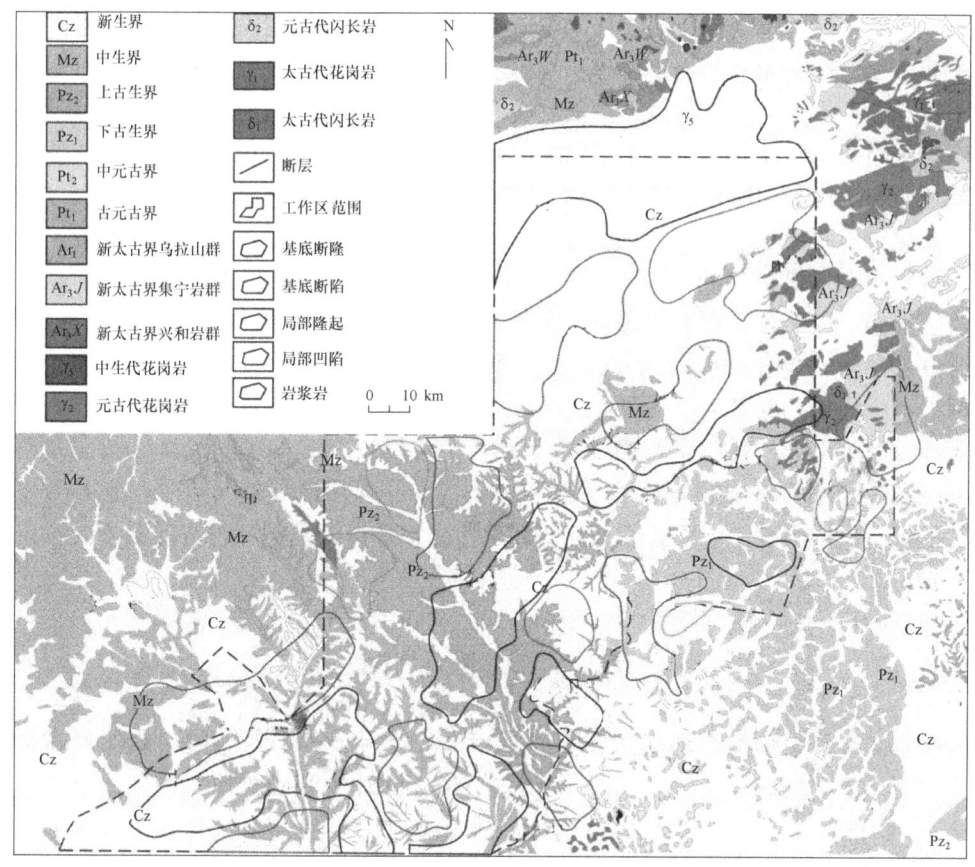

图 7-2 鄂尔多斯盆地准格尔区域地质图

7.1.3 煤田区域构造

准格尔旗煤田位于鄂尔多斯台向斜东北角，即阴山地轴和吕梁山隆起相接处的西南方，就整个煤田来看由北往南、由东往西地层由老到新排列。由于受内蒙地轴和吕梁山隆起的影响，煤田北部边缘地层走向近东西，煤田东部则转为北北东向为主，总的看来为一向西倾斜的单斜，地层倾角一般小于 10°，仅局部达 25°以上。煤田东部发育有北北东向宽缓褶曲及规模不大的断裂，煤田南部发育有东西向及北西向褶曲与断裂。煤田内发育的北东~北北东向褶曲一般具有南东缓西北陡的特点，南东翼倾角小于 10°，北西翼最大达 30°，地层下降 100~200m 后又渐趋平缓，由南东向北西似具阶梯式下降的特点。

准格尔旗晚古生代含煤地层整体上具有较连续的特征，其构造活动频繁，造成了相对海平面的变动，从而间接地影响了煤层的赋存厚度及煤层分布。煤层中赋存多种金属元素[239]，其中，镓的物源具多来源、继承性、分时期、有阶段、经复杂地质作用等富集特点；鄂尔多斯盆地的基底岩系和阴山造山带是 6 号煤层中镓、铝、稀土元素的主要来源，本溪组的高铝沉积岩系等下伏岩系是 6 号煤层中镓、铝、稀土的直接物源。富集成矿作用是一种比较复杂的地质作用，其具有一定的周期性，在海陆交互作用和湖泊环境中，同时存在着风化-剥蚀-水解-原地或近距离搬运沉积的地质过程，在一定地质历史时期内富集成矿。

煤田南北长 65km，东西宽 26km，是鄂尔多斯盆地中煤层最富集的地段，也是沉积相变化最明显的区域，石灰岩在煤田内完全尖灭，逐步相变为陆相碎屑岩。准格尔煤田含煤岩系主要有：上石炭统本溪组、太原组、下二叠统山西组，含煤岩系为 110~160m，其底部为奥陶系石灰岩，上覆为上石盒子组、下石盒子组、石千峰组、刘家沟组等非含煤地层[240]。该区煤层厚度最大的主采煤层 6 号煤在太原组上部，其厚度约为 2.7~50m，平均厚度 30m，属滨浅海三角洲及潮坪-堡岛沉积体系中的巨厚煤层。除了黑岱沟 6 号煤层巨厚外，哈尔乌素 6 号煤层的矸石、铝土矿层中存在着大量的镓和稀土，是古沉积环境与古地貌下的特定产物。

7.2 黑岱沟剖面

鄂尔多斯盆地发育地层从元古界至中生界，古生界中的志留系和泥盆系缺失，古生界包括海相碳酸盐沉积（下古生界）、海陆交互相碎屑岩沉积（上古生界）和内陆湖盆沉积（中生界）。鄂尔多斯盆地古生界由老到新依次发育为寒武系、奥陶系、石炭系及二叠系。

实测剖面由下至上经过本溪组和太原组，共厚 28m，如图 7-3 所示。

剖面中本溪组，铝土页岩夹一层海相灰岩及褐红色褐铁矿、土褐铁矿、高龄石、黏土岩，泥质胶结，特别疏松，如图 7-4（a）所示。本溪组上部以泥岩、粉砂岩为主，夹分选、磨圆较好的中细粒石英砂岩层；剖面上见一层灰岩或泥灰岩呈透镜状分布，铝土质黏土层相变为铝土质黏土胶结并略呈杂色的砂岩和砂砾岩，说明已靠近陆源剥蚀区。剖面的最下部，下为本溪组黑色泥岩，上部为太原组巨厚砂岩，中间呈整合接触关系（见图 7-4（b）），砂岩中存在交错层理。

太原组底部，黄色砂岩与黑色泥岩互层，暗示存在一种动荡沉积环境。其中黄色砂岩成分主要是石英，长石次之，胶结物主要矿物组成为粉砂和黏土矿物，土黄色，质地较松散，硬度小于小刀，断面凹凸不平，为泥质胶结物，泥岩层中发现一些古植物化石。泥岩中夹一条煤线，煤线的厚度 0.15m，如图 7-4（c）所示。

岩石地层				厚度 /m	柱状图	分层号	岩性描述
界	系	统	组				
晚古生界	石炭系	上统	太原组	4		6	巨厚层砂岩
				4		5	黑色泥页岩（含砂质）
				4		4	4m厚煤层
				8.5		3	细砂岩(中层)
				5		2	黄色中层砂岩与黑色泥岩互层
				1.5		1	巨厚砂岩
				1		0	黑色泥岩

图 7-3 黑岱沟剖面岩性柱状图

太原组中部，有棕色砂岩和泥岩，砂岩中可见平行层理，泥岩厚度为 0.4m，存在包卷构造，如图 7-4（d）所示。包卷构造说明沉积层内的沉积物液化流产生了细层的扭曲或沉积物内孔隙发生了水泄水作用。

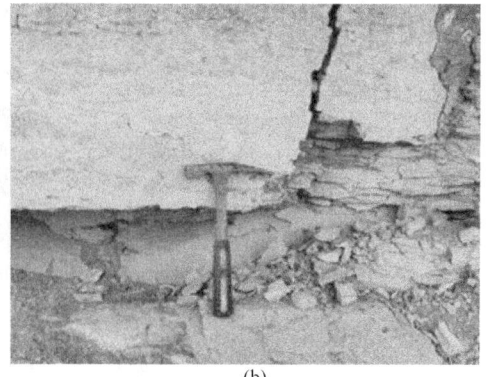

(a)   (b)

（c）　　　　　　　　　　　　　　　　（d）

图 7-4　准格尔旗野外地层露头

（a）准格尔旗本溪组褐铁矿；（b）太原组下部砂岩；
（c）太原组黄色砂岩、煤线；（d）太原组包卷构造

　　窑沟太原组煤层（见图 7-5）厚度在 4m 以上（见图 7-6），煤层下有一层灰色泥岩，厚约 33cm 左右，泥岩中可见古植物化石。煤层上部为黑色含砂泥页岩；煤层中凝灰岩发育显著，有 20 余层厚度不等的凝灰岩，最厚的一层凝灰岩有 5cm，最薄的不到 1cm。太原组顶部为巨厚砂岩，厚度在 4m 以上，可见大型交错层理，最上部有溶蚀孔洞（见图 7-7）。

图 7-5　窑沟太原组煤层露头

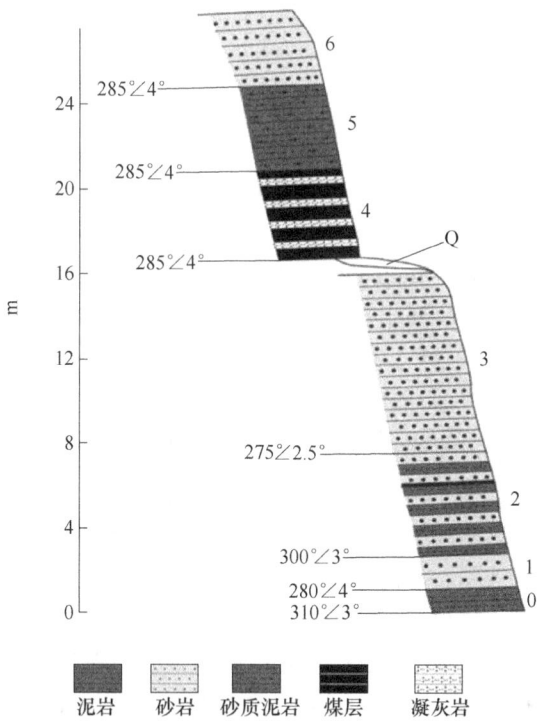

图 7-6 窑沟上古生界石炭系太原组实测剖面
（中部存在明显的第四系覆盖）

图 7-7 太原组上部的交错层理
（a）下部为煤层；（b）太原组最上部溶蚀孔洞

7.3　准格尔煤田的沉积特征及聚煤规律

7.3.1　含煤岩系沉积环境分析

准格尔地区在早、中奥陶世时，地壳沉降海水侵入，形成了浅海相石灰岩和白云质灰岩；中奥陶世晚期，加里东构造作用导致地壳隆起，形成了陆地，之后经过长时间的剥蚀，导致晚期奥陶世、志留纪、泥盆纪和石炭世存在沉积间断；晚石炭世早期，即本溪期，开始了局部海侵，形成了面积较小的陆表海；由于基底古地貌高低起伏及海岸线曲折多变，海水相对封闭，连通程度低，形成障壁岛-礁湖型海岸。

经本溪期潟湖"填平补齐"作用和古地形被夷平后，太原期出现了较大范围的海侵和海退；随着古海线被改造，形成了陆表海潮汐控制的海岸碎屑带；由于沿海平原地势宽阔低平，与本溪时期的潮坪海岸环境有较大的差异，所以受潮汐作用影响强烈。太原期晚期，由于华北地台北缘的构造抬升作用，导致北缘碎屑物质加速了南向的进积，使海水逐渐退出。

晚石炭世，频繁的海侵-还退形成了海陆交互相沉积。晚石炭世晚期，煤田形成于潟湖沉积环境，存在着水体较浅的潮坪—潟湖沉积模式。本溪组约20m厚的沉积层内富含铁铝质，由北向南相变为铁质砂岩；上部为细砂岩、泥岩和灰岩，灰岩向北变薄，向南增厚，层数增加；随后，海水逐步退去，形成大面积的三角洲、潟湖和泥炭沼泽。太原组含煤层是一种具有较高的经济价值的含煤地层，这与沉积速率和可容空间之间的变化有关，古气候的温暖潮湿使得生物生产率明显提升，有利于成煤植物的生长。

7.3.2　太原组含煤地层的沉积特征及沉积环境

太原组的含煤地层为晚石炭世—早二叠世一穿时岩层，而6、9号煤层是勘查区的主要煤层。太原期，准格尔地区由于阴山古陆的存在，从北到南的冲积—河流系统和三角洲系统连续进积和发展，沉积环境主要为河流相。太原组形成的早期，在湿润、温暖的古气候环境下，河流沉积环境中容易发生大规模的沼泽化，从而使该沉积环境中的沉积亚相、沉积微相形成了极好的聚煤条件，从而形成了中—厚煤层（9号煤），具有工业价值。太原组上部，由于分流河道的横向迁移或频繁的改变，6号煤层在南、北向上多次发生分岔，在断面上，砂体以透镜状夹在煤层中；晚石炭世晚期到早二叠世的河流、三角洲体系中发育了巨厚6号煤层。

在太原期早期的沉积环境方面，古流向为自北至南，在煤田北部分岔，形成三角洲平原分流河道的指状砂体；从断面上来看，分流河道的规模较大，横贯整个区域，强烈的下切力使得三角洲的前缘不发育，并与下部潟湖沉积相接触。泛滥盆地在垂直方向上位于分流河道上方，在水平方向上则在分流河道的两边。泛滥盆地因长期沉积在湿润的古气候环境下，容易发生大规模的沼泽化，所以在泛滥盆地上方和分流河道两侧，形成了太原组7号~10号煤层，9煤层的工业价值很高。在9号煤层形成以后，由于海水的侵入，又形成了一套含海相动物化石的潟湖台地沉积岩，其中夹杂着大量的灰岩。

在太原期晚期的沉积环境方面，根据从北到南的古河流流向，分岔为两个较大的三角洲平原分流河道。在煤田北窑沟—龙王沟、黑岱沟和房塔沟的分岔河道中，由于分流河道的横向迁移或多次改道，导致煤田南、北向上多次分岔，部分煤层受到冲刷；由于河道的不断变化和连续的充填沉积作用，砂岩层较厚，只有河漫滩和牛轭湖存在短期成煤环境。因此，山西组的煤质较差；海水退去，燥热古气候条件下形成了石千峰组的紫红、棕红色碎屑岩沉积。

层序地层格架的确定，取决于确定重要的沉积层和沉积相之间的分布关系。在结合准格尔煤田石炭—二叠系煤层的岩相和区域性构造不整合面、河流冲刷面、河道砂体发育特点后，提出3个三级层序（SQ1~SQ3）的划分方法，并初步确定了准格尔煤田石炭—二叠系层序地层格架。晚石炭世—早二叠世前期，主要是一组陆表海障壁岛沉积，形成了一套海退进积的海相沉积体系；在区域不整合和区域构造应力转换面上的基础上，将该地区的含煤岩系分为太原组的下半部分和太原组上段、山西组的次级层序。太原组下段底部到太原组上部9号煤层底是SQ1，而9煤层底到太原组的顶界是SQ2，山西组则是SQ3。

层序1、层序2阶段以陆表海盆地障壁海岸沉积为主，其次是三角洲沉积，仅发育高位体系域和海侵体系域，低位体系域只分布于华北陆表海的东部；层序3阶段开始海退，形成了以河流—三角洲为主的河流—三角洲沉积体系，发育低水位、海侵和高位体系域。

在聚煤特征方面，层序1阶段以潟湖、潮坪和障壁岛为主要沉积环境，煤层发育程度很低，只有少量的薄煤层；层序2煤层主要发育于海侵体系域的前期，这一时期构造相对稳定，可容空间增长速度与煤层的沉积速率基本保持一致，有利于煤层的发育。因此，形成了6号、8号、9号煤层，且6号煤层十分发育；层序3，煤层主要分布在海洋（湖）侵体系初期，这一阶段可容纳的空间逐渐扩大，可以为煤层的聚集提供有利的条件，从而形成了5号煤层。

在晚石炭世—早二叠世层序1的聚煤规律方面，主要与潮坪环境聚煤有关。太原组6号煤层是一种典型的海退型聚煤，是在最大海泛期后，高水位期的一种沉积物，发育在沉积旋回顶部，该类型的聚煤活动一般具有持续性和稳定性，容易形成较厚的横向连续煤层。

　　太原组9号、8号煤层的顶板是潮坪沉积的产物，向南出现潮下带灰岩的相变，属于海进型聚煤；顶板内生物碎屑灰岩侧面表面它们是海侵作用形成的，该层位的聚煤作用伴随着海侵而在泥质海岸地区的泥沼中开展，聚煤与海侵关系紧密，泥炭逐渐向陆发展，早期沉积的泥炭被逐渐加深的海水所覆盖，该类型的煤层具有穿时性。

　　潮道活动、潮水进退和海平面的起伏变化等都是不利于聚煤作用进行的主要因素。潮道可以向更远处的潮上带沼泽地延伸，尤其是大规模的、长期活跃的潮汐带，会对聚煤过程造成严重的破坏，导致煤层厚度减少或消失，使潮道砂与两边潮上带煤层同时发生相变，并使上下煤层间隔明显增加。本区大部分煤层为"复煤层"（尤其是6号煤），煤层厚度大，煤层夹矸多，煤层分布较为稳定，分煤层伸展较长，大部分可以进行对比，这与河流系统洪积平原煤层有所差异，表明在潮坪环境持续沼泽化期间，由于海平面及潮汐的涨落等对潮滩泥炭沼有所作用。

　　本区太原组由海侵型聚煤到海退型聚煤，9号、8号、7号、6号煤煤层厚度递增，稳定性增加，说明其聚煤活动由弱到强；从空间上看，煤层向东偏南的方向整体呈逐渐减薄的趋势，这是由于沿海平原的沉降受海水影响，使其沼泽化的持续时间较短。

　　在晚石炭世—早二叠世层序2聚煤规律方面，其古地理格局为西部多为泛滥平原，东部地区以砂岩含量划分，为南北向为主的主体河道；在青春塔145号钻孔附近，向南形成曲流河三角洲南部分叉，发育三角洲平原。本阶段，海侵方向从东北逐渐转向东南，物源区从北转向南。准格尔煤田二叠系主要由太原组9号煤底板到北岔沟煤层底部组成，其中包含最重要的6号、9号煤层，富煤中心在黑岱沟—酸刺沟—西蒙达一带的东北方向上。煤层分布在河流三角洲沉积系统中，三角洲平原、分流间湾一带是有利的泥炭聚集区域。

　　准格尔煤田6号煤在山西省河东煤田分叉成9号、10号、11号、12号煤层，该煤层由北向南的分叉是由南向北的海水侵入造成的，海水侵入导致泥炭堆积停滞及海相沉积，准格尔煤田的河流三角洲平原聚煤期发生早而结束晚，形成了巨厚6号煤层。6号煤层的厚度明显受南北向河流控制，呈东西走向，煤层底板砂岩厚度增加时，煤层厚度明显减小，而在薄层或尖灭区，煤层厚度又明显增加。河床两侧的泛滥盆地首先出现了泥炭沼泽，沉积一定厚度泥炭，久之整个河道都被废弃，泥炭沼泽延伸到废弃的河床上。由于河床的压实效率要比泛滥盆地低得多，因此泛滥盆地地势较低，形成巨厚煤层，而在地势较高的地方，则形成较薄的煤层。

　　在晚石炭世—早二叠世层序3聚煤规律方面，山西期地壳逐步隆升，由原来的三角洲—潮坪沉积向陆相克拉通河流—三角洲沉积过渡，煤层分布呈南厚北薄的特点。北部以辫状河沉积为主，泛滥盆地内不利于煤炭的形成，最厚的煤层分布在准格尔旗北部的玻璃沟 B4 号钻孔附近，主要在河流和泛滥平原的过渡区域；中段较厚，在黑岱沟—酸刺沟，煤层厚度一般为 3~6m；煤层厚度最大的南部厚度通常在 7.5m 以上，煤层主要是在三角洲平原环境中形成的。该期三角洲沉积与河流相沉积环境变化多样，造成了 5 号煤层形成后三角洲平原环境被曲流河沉积所代替，并对煤层产生了一定的侵蚀，煤层的直接顶板是以砂岩为主；西部则以河流冲积环境为主，成煤条件差，煤层厚度一般在 3m 以下。该阶段的成煤活动以河流—三角洲沉积为背景，三角洲平原过渡带和河流—泛滥平原过渡带中最有利于泥炭聚集。这一时期，由于阴山古陆不断升高，沉积区的北高南低的古地理格局更为明显。随着物源系统南移，准格尔煤田及中部地区均为河流系统控制，陆源碎屑供应丰富，不利于泥炭沼泽的发展，聚煤作用明显减弱得，聚煤中心发生由北向南不断迁移。

7.4 准格尔煤田煤系伴生矿产

煤铝镓共生复合矿产是一种产于鄂尔多斯盆地晚古生代煤田（特别是准格尔煤田）的一种特殊煤种，它的特点是煤中富含丰富的勃姆石、高岭石等富有铝矿物，经焚烧后生成的粉煤灰中 Al_2O_3 的含量达到 50%，是一种极具开发利用价值和资源潜力的高铝粉末。准格尔 6 号煤层中镓的含量几乎都高于工业品位，但顶部和底部层中镓含量较少，而镓则主要分布在勃姆铝石丰富的煤矸石层中。准格尔旗 6 号煤层镓含量远高于中国大部分煤层中镓的平均值（6.64μg/g），是一个超大型镓矿床，其成因与物源、沉积过程联系密切。

镓具有亲石（氧）性的地球化学性质，具有很高的分散性，难以在自然条件下富集。碱性长石和钙碱性长石都是铝硅酸盐矿物。Ga、Al 的地球化学性质类似，二者关系密切，镓富存于各类长石矿物中。镓矿床的成因类型多样，其中以沉积成因的镓矿床为主，与风化、沉积作用和成岩作用机理密切相关。镓形成环境通常与成煤环境相似，与铝一起富集于铝土矿层中。

准格尔旗黑岱沟太原组 6 号煤具有富集铝、镓和稀土元素，其形成与阴山造山带和海西期的花岗岩关系密切。古基底剥蚀区主要由碱性、钙碱性长石质岩系构成，是铝、镓、稀土元素丰度较为稳定、富集的有利岩系，其镓含量普遍在 5.30~18.25μg/g，证实镓、铝沉积聚集与沉积作用密不可分。有利的物源区及富矿基底持续供应着基底上层的陆源沉积物，成为良好的成矿物质来源。成矿物质最初可能与浅海沉积有关，在隆升过程中转为陆相沉积，聚集后又发生了多次的破坏和迁移。

由于南、北造山带的相对俯冲，盆地边缘自中奥陶世持续上升，处于强烈的风化剥蚀环境，马家沟组及其下部大量的碳酸盐岩系均存在着大量的泥质互层，泥质都保存在原位并分解，使得本溪组在古风化壳上分成菱铁矿结核或条状的铁铝质黏土层，中间为铝质，上层为泥炭质，因此镓与稀土元素得以富集，也为太原组6号煤层金属元素再次富集提供了物质基础。

在古地理方面，盆地边缘与内部地区的差异沉降构造导致了6号煤层所在的太原组物源主要来自海陆相互作用下的本溪组。太原期温暖潮湿的古气候条件、高生物生产率，对富含镓、稀土元素的陆源矿物进行迁移、富集，从而使镓、稀土元素得以原地聚集和保存。

在黑岱沟含煤岩系中，发现多层的火山晶屑及火山灰，尤其是在太原组火山凝灰岩层多达二十余层，火山凝灰岩、火山晶屑可能与华北板块北缘的古亚洲洋的闭合-造山作用带来的火山活动有关，也是铝、镓的物质来源之一。

中国高铝煤资源形成的主要时期是在晚石炭世—早二叠世，主要存于太原组、山西组的含煤岩系内，在准格尔、卓子山、大青山、贺兰山、乌达等煤田均有分布。准格尔煤田的高铝煤资源主要是由古地理条件所控，其分布范围集中于河道两边的低洼地区；有利勘探区域为东坪、黑岱沟、牛连沟、龙王沟、圪柳沟、哈尔乌素等煤田的中部地区，呈"U"形分布。

准格尔煤田6号煤中的矿物以高岭石和勃姆石为主，也有方解石、菱铁矿、黄铁矿、锐钛矿、磷锶铝矾等少量存在。准格尔煤田中段的大饭铺、黑岱沟和哈尔乌素矿区是勃姆石的主要富集区段，其中6号煤层下部和上部的布姆石含量很低，煤田南部的魏家峁地区勃姆石也并不富集。

6号煤夹矸的矿物成分以勃姆石、黏土矿物（以高岭石为主）为主，钾长石、方解石、菱铁矿、黄铁矿、硬石膏、磷锶铝矾、硬水铝石等矿物均有少量发现；石英仅分布在顶板砂岩或泥岩中，夹矸中则基本不含石英。夹矸的岩石类型有团块状高岭岩、晶粒高岭岩、隐晶质高岭岩，团块状勃姆岩，隐晶质勃姆岩和高岭石-勃姆石的过渡类型。

在准格尔煤田6号煤的形成初期，古地形西北高，东南低，以阴山古陆加里东-海西期的斜长花岗岩、二长花岗岩、钾长花岗岩和细晶花岗岩为主要的陆源碎屑物质。在煤层形成的中期，煤田北部东段开始隆升，本溪组（见图7-8）的铝土矿开始剥蚀，并逐步成为煤田主要的物源区，本溪组的铝土矿在晚石炭世温暖湿热的古气候条件下，易于风化形成三水铝石；由于靠近准格尔煤田物源区，形成的三水铝石和少量的黏土矿物在水流的作用下，以胶体形态被输送至准格尔煤田的泥炭沼泽，从而导致了其在6号煤的中段富集。到了后期，陆源碎屑的输入主要来自阴山古陆加里东-海西期的斜长花岗岩、二长花岗岩、钾长花岗岩和细晶花岗岩的风化剥蚀。

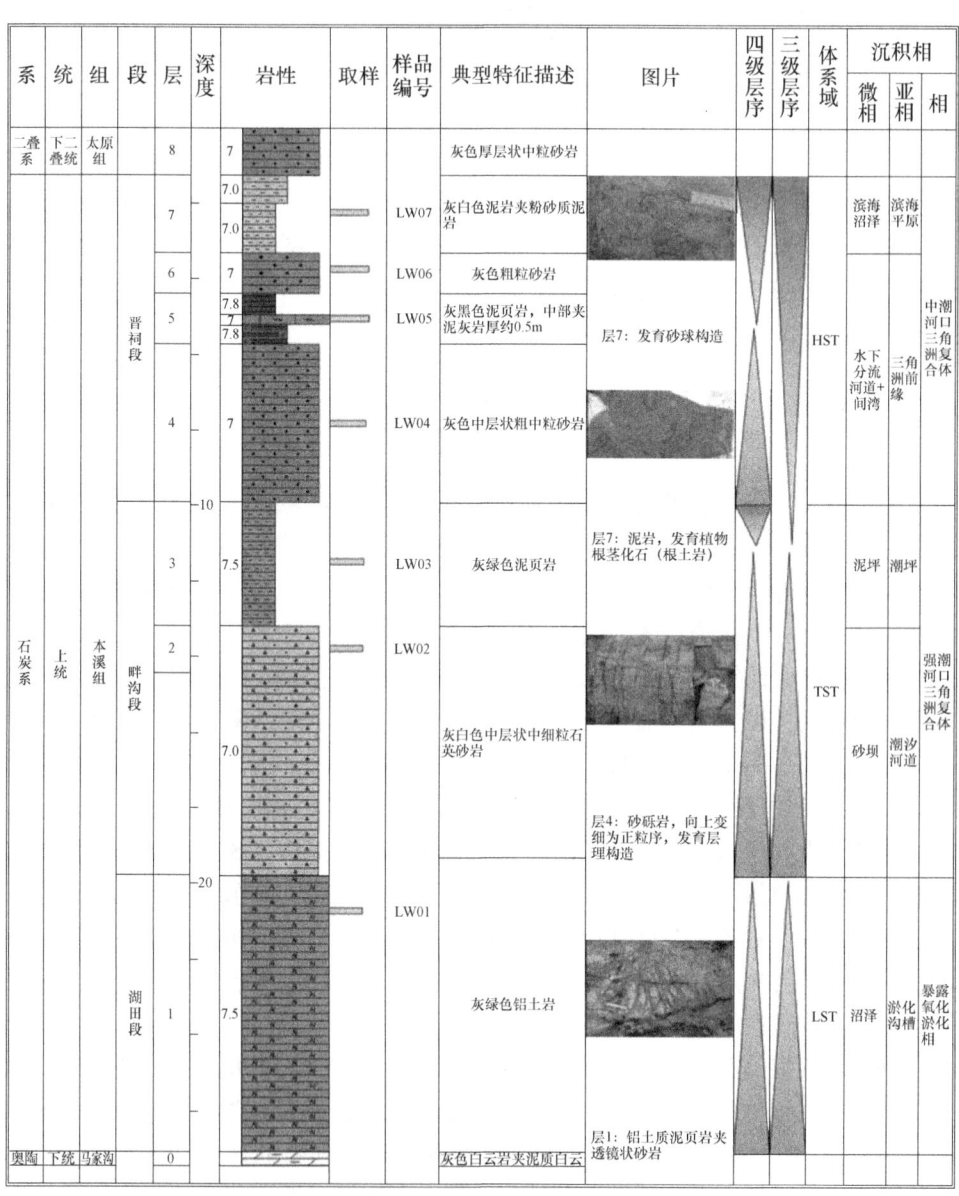

图 7-8　鄂尔多斯盆地东北部本溪组剖面柱状图

8 鄂尔多斯盆地乡宁台头—韩城竹园石炭系—二叠系剖面沉积学研究

通过对陕西韩城竹园村涺水河剖面与山西乡宁县台头剖面石炭系—二叠系的沉积构造、层序地层、沉积体系、古水流等方面的研究，依据原生沉积构造特征，恢复其沉积环境、古地理特征，最终对研究区石炭系—二叠系的沉积面貌进行精细刻画，按三级层序的沉积充填顺序，将其分为 6 个易于识别的沉积阶段，并详细刻画各阶段的古地理环境特征。

8.1   区域地质概况

中国石炭—二叠系煤系则是焦煤和无烟煤资源的重要地层，分析我国典型矿区石炭—二叠系煤层的沉积特点有很高的科研及经济价值[241]。石炭系—二叠系和奥陶系作为鄂尔多斯盆地的主要含气地层单元，其中上古生界中的石炭系—二叠系，是最具有勘探价值的地层[242]。

鄂尔多斯盆地为典型的多旋回克拉通盆地，构造简单，升降运动多发[243]。盆内地域广阔，煤炭、石油、天然气等矿产资源十分丰富，又有"半盆油，满盆气"之称。鄂尔多斯盆地东部地区是我国继沁水盆地外，第二个开展大规模煤层气勘探和开发的地区。盆地东缘始于准格尔旗，经黄河沿线各地，止于韩城市，南北跨度约为 620km，东西跨度约为 50~200km，面积约 2.8 万 km^2。东缘南北跨度大，各区域的沉积地质条件差别很大，迫切需要对盆地东缘局部地区进行沉积学研究。本章对鄂尔多斯盆地东南缘石炭系—二叠系沉积相类型及层序特征等沉积学研究进行深入的探讨，并通过相关的物源分析及对沉积体系的分析，恢复该地区的古地理环境。

陕西渭北煤田石炭系—二叠系煤的变质程度较高，其中韩城矿区的瘦煤是西北地区的主要焦化原料[241]。近年来，含煤岩系地层—古地理、聚煤规律、厚煤层成因、"深时"古气候等方面出现了许多新的理论和新的认识，并对煤岩系的多种沉积方式进行了较为系统的归纳和总结。研究煤岩系沉积学，一方面是研究煤的聚集规律，为了探明更多的资源储量而提供理论依据；另一方面也促进了沉积学和地球科学的发展[244]。从聚煤区域角度来看，不同阶段所沉积的区域有所不同（见表 8-1）。

表 8-1 各年代聚煤区分布情况

地质年代	地 区
早石炭世	中国南方煤区
晚石炭世-早二叠世	华北聚煤区
中二叠世	华北南部及华南地区
晚二叠世	华南聚煤区
晚三叠世	华南聚煤区以及华北的鄂尔多斯盆地
早—中侏罗世	西北和华北聚煤区
早白垩世	东北聚煤区
古近纪和新近纪	中国东北和西南地区以及海域聚煤区

从层序-古地理角度来看，邵龙义等人[245]对华北地区石炭系—二叠系进行了分析，将华北石炭系—二叠系划分为 7 个三级层序，并从煤层厚度、岩相古地理平面的分布特征分析，以三角洲为主，其次是河流-潮坪-潟湖。层序地层学是油气储集层和矿产预测的主要方法，将沉积相和层序地层学结合起来，可以更好地判断煤系的空间分布规律[246,247]。层序Ⅱ（太原组中上部）、层序Ⅲ（山西组）发育了剧烈的聚煤作用；在层序Ⅲ时期内，除北、南缘外，其余均存在煤层，但其规模、厚度均较层序Ⅱ稍弱；华北南部，聚煤作用逐渐削弱发生在层序Ⅳ（下石盒子组）和层序Ⅴ（上石盒子组下部）；最终聚煤作用逐渐结束于层序Ⅵ（上石盒子组）和层序Ⅶ（石千峰组）[245]。煤层与层序体系具有一定的相关性（见表 8-2）。

表 8-2 煤层与煤层沉积体系关系[248]

煤层厚度与连续性	层序体系
连续性最好	高位体系域中期和低位体系域中期
厚但孤立	海侵体系域早期和低位体系域晚期
连续性差、厚度薄	低位体系域早期、高位体系域晚期及海侵体系域中期

从古气候角度来看，煤炭是"深时"古气候资料的载体，尤其是有利于对以往的温暖期和关键性气候变迁期进行全面的研究[249]。近几年来，随着国内外地质学逐步实施"深时"研究[250]，已有越来越多的学者深入挖掘"深时"古气候资料[251-253]。目前在深时古气候方面的重要发现主要来源于海相沉积，而对于深时陆地气候方面的研究则相对落后[254]。

从沉积模式角度来看，国外关于煤层沉积学的研究主要集中在沉积相和沉积方式的确定。随着层序地层学的逐渐应用，进一步明确了煤系分布规律，并进一步细化了煤系沉积相的划分。同时，将地球化学与 X 射线衍射技术相结合，实现对沉积相研究由定性到定量的转变。在露头、岩心、辅助测井、地震等技术方法的基础上，逐渐解释了沉积相的精细发育。目前，普遍认为本溪组具有两套有利的能源勘探砂体，即晋祠砂岩、畔沟砂岩[255,256]。因对沉积方式认识上的不同，导致了对该砂体成因解释存在分歧，有障壁砂坝、潮坪沙坝两种解释[257,258]。大部分学者将其视为障壁岛-潟湖岸的成因[259,260]；也有人认为该地区为开阔陆表海环境下的潮控湾-三角洲[261]，认识的差异制约了油气勘探的发展。

研究沉积岩的原始沉积结构特点，可以准确地反映沉积环境的水动力状态和沉积物的搬运规律。特别是沉积岩的原生沉积构造特征，能够判断沉积环境的水动力状况和沉积物的搬运模式，对恢复古地理环境、指导古水流方向等具有重要意义。对盆地东南缘的涑水河剖面进行实地踏勘，进行沉积构造、层序地层、沉积体系、古水流以及岩石学的综合深入分析。

韩城竹园地处于陕西渭南市，东临黄河西岸，关中盆地东北隅。山西乡宁台头镇位于吕梁山南缘，乡宁县东北部，西面为陕西省榆林市。该区域平原地带海拔高度在200~500m之间，而黄河及支流两岸的黄土高原海拔在1000~2000m之间，如图8-1所示。

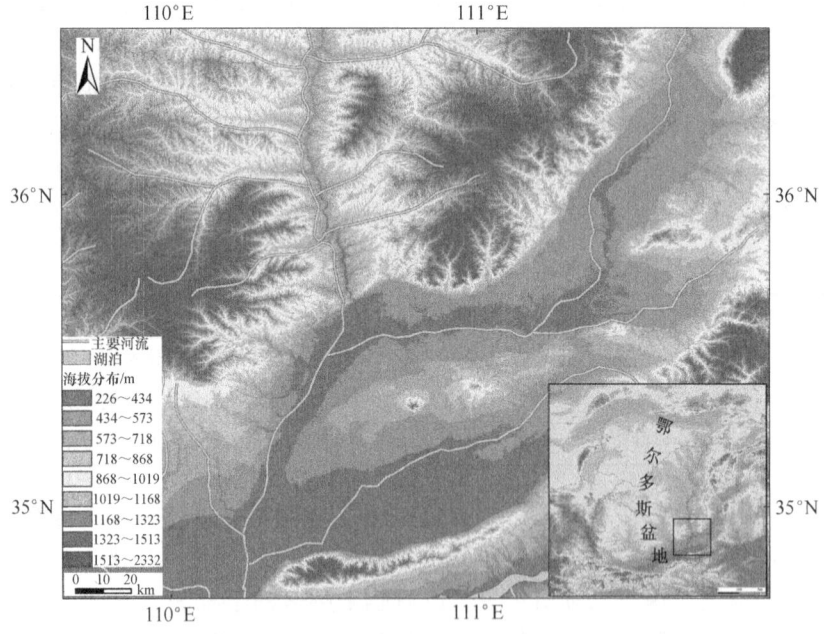

图8-1 乡宁—韩城地区地形与海拔分布

（Aster 数字高程数据，分辨率 30m/pixel）

韩城处于渭北石炭系-二叠系煤田的东北部，从北到南依次是桑树坪煤矿、下峪口煤矿、燎原煤矿、马沟渠煤矿、象山煤矿等，其中含煤地层绝大部分以粉砂岩为主，中、细砂岩为辅的顶板，以及以泥岩为主的底板。山西乡宁台头镇位于吕梁山南缘，乡宁县东北部，西面为陕西省榆林市。台头镇位于河东煤田的核心地带，地质结构简单，倾角小，埋深浅，容易开发，灰分和含硫量都很低，从而拥有较高质量的发热量，是国内优质主焦煤生产基地。

鄂尔多斯盆地总体上属于华北地层区，具有从太古代到新生代的地层，志留系、泥盆系、下石炭统等地层有缺失，存在整合接触与假整合接触，总沉积厚度在700m左右。中新生代的陆相地层很厚，晚古生代地层只在盆地周边区域出现，如本溪组、太原组、山西组、下石盒子组、上石盒子组、石千峰组。下二叠统有太原组、山西组，中二叠统包括上石盒子组、下石盒子组，如图8-2所示。

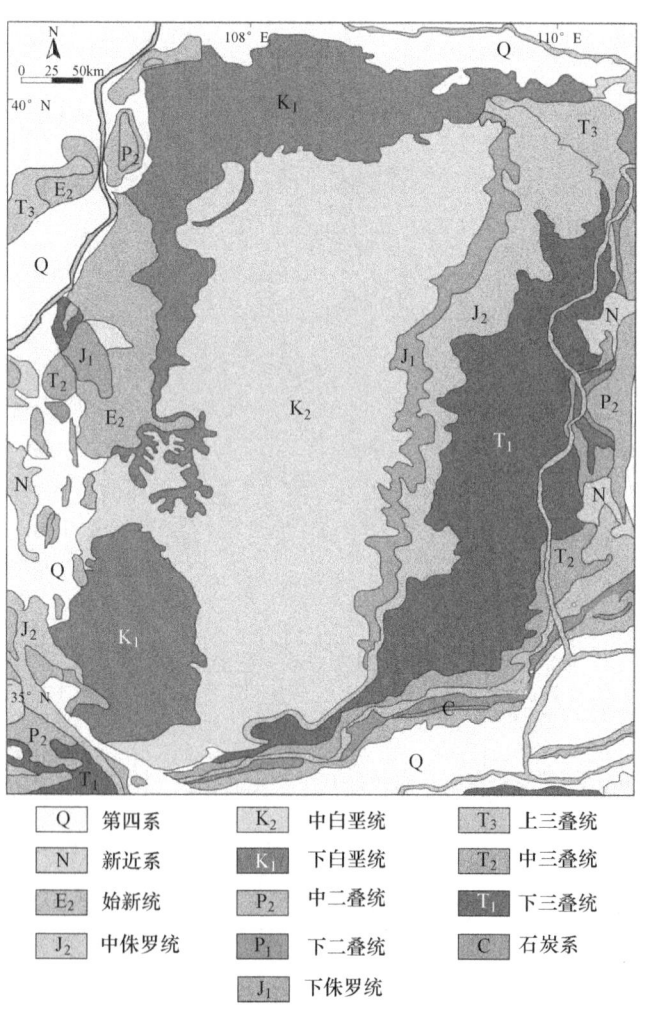

图 8-2　鄂尔多斯盆地盆地东南部区域地质图

在区域构造方面，研究区紧邻晋西挠褶带、渭北隆起的东段（见图 8-3），西面为陕北古陆，东面为北-南离石断裂，整体为东高西低的单斜构造，即东翘西伏，呈阶状跌落，构造相对简单，整体形态呈西倾单斜，断裂不发育，北部构造变形强度明显小于南部。断层以北东向、北-北东向的逆断层为主，断距通常在 5～50m 左右，有 5 个较大断层，其中包括湜水河剖面附近的薛峰北断层，长 20～60km，断距 50～300m。与断层伴生的局部构造有背斜、断背斜等；鄂尔多斯盆地主要通过 5 个大的构造演化期（见表 8-3）而形成[229]。

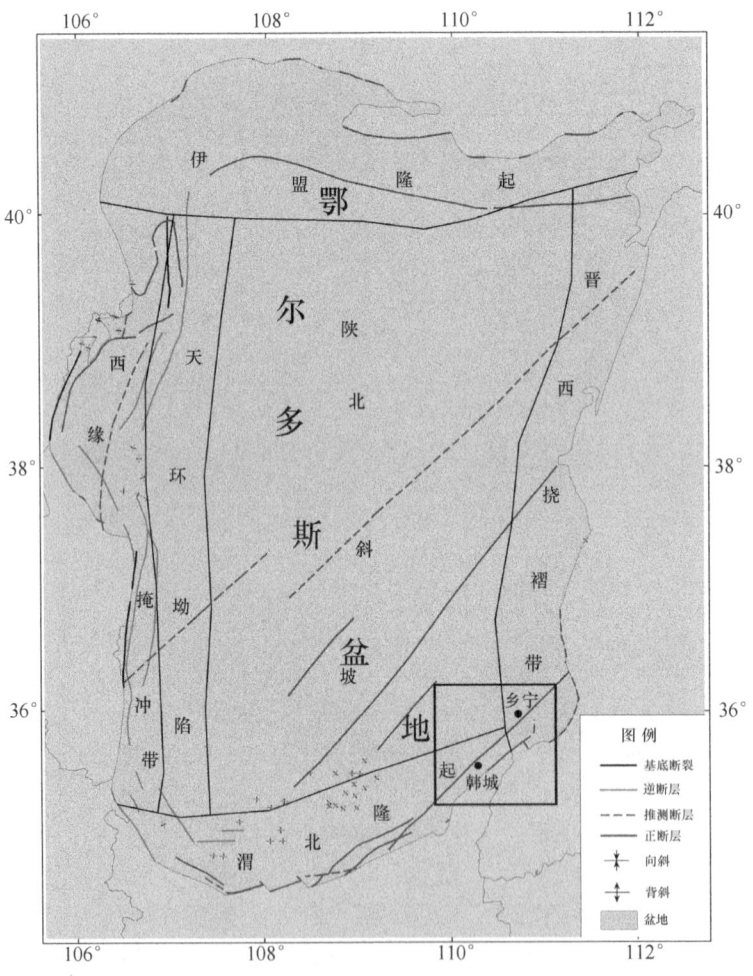

图 8-3 乡宁—韩城区域构造位置

表 8-3　鄂尔多斯盆地构造演化过程

地质年代	构造演化期
太古—早元古代	盆地基底的生成期
中晚元古代世	大陆裂谷的发育期
早古生代	边缘坳陷期
晚古生代—早中三叠世	克拉通盆地与碰撞边缘形成期
晚三叠世—白垩纪	大型内陆坳陷的主要发育阶段

在沉积-充填演化中，除志留系—泥盆系外，从寒武系到第三系的沉积厚度均达到 6000m。从太古宙、元古宙至早古生代晚期，鄂尔多斯块体和阿拉善古陆，均属华北板块。阿拉善古陆与鄂尔多斯块体之间，在中—新元古代出现了 3 条大坳拉谷，分别是贺兰山坳拉谷、晋陕坳拉谷和豫陕坳拉谷[262]。鄂尔多斯盆地是一个以前寒武系为结晶基底的大型中生代内陆坳陷盆地。晚古生代的区域构造演化受到兴蒙海槽活动带、贺兰裂谷带和秦祁活动的直接影响[1]。海西运动早期，鄂尔多斯盆地经历了加里东期的冲击抬升，到石炭纪晚期，沉积厚度达 800m。海西运动中期，归因于祁秦海槽、兴蒙海槽和贺兰拗拉槽的重新活动，开始出现区域性沉降，呈 N-NE 向隆坳相间。海西运动后期，鄂尔多斯盆地沉积作用趋于稳定，贺兰拗拉槽逐渐停止活动。

晚石炭世本溪期，华北地台不断下陷，华北海经 NE 向侵入，在盆地东部形成滨—浅海相；早二叠世太原期，海侵面积扩大，形成了面积较大的陆表海。早二叠世山西期，大陆板块整体抬升，海水向东、西向后退，为海陆转换期；受海西构造运动的影响，海退明显，进入陆相淡水湖盆地沉积演化时期。早二叠世山西期，鄂尔多斯盆地由海陆过渡相过渡到陆相，形成平均厚度 90m 的黑色岩系。

韩城一带的大部分矿井都受到鄂尔多斯东南缘的浅部隆起构造带的影响，主要富煤地层是山西组 3 号煤层和太原组 5 号、11 号煤层。研究区坡度为 8m/km，不存在二级构造，三级构造以 5~8 排近东西向鼻状隆起为主，局部有小型短轴鼻隆及穹隆结构，总体呈西倾平缓单斜型。研究区山西组是以河流沉积—三角洲为主的陆相沉积体系；太原组是以海湾—湖相为主的海陆交互相沉积体系；下石盒子组的沉积系统可划分为河流—三角洲相、湖泊相两大类型。河流相可分为辫状河、曲流河、网状河三种类型。

晚古生代，鄂尔多斯盆地南缘为典型的湖泊相沉积。研究区在晚二叠世印支运动的影响下开始隆起并开始风化和剥蚀作用，由此形成了"沟壑交错，山峦起伏"的古地貌。下石盒子组地层因受风化剥蚀而产生的沟谷较多，地形高低变化较大，故二叠系下石盒子组沉积阶段，主要发育于含粗颗粒沉积背景的河流相，盆地开始趋于平坦。随着地形的改变，河道逐渐变浅、变宽，摆动越来越频繁，导致了河流出现分岔现象。

在沉积环境方面，由于频繁的海侵和地形变化，形成了多套不同的沉积体系，同时也有空间上的差别。太原期海侵期间，碳酸岩台地体系发育，形成大量中—厚灰岩；障壁岛—潟湖沉积系统在该时期也广泛分布，并形成了大量的成煤构造；在晚古生代的陆表海沉积环境下，太原期的三角洲沉积体系也有发育。山西期，海水逐渐退出，辫状河、曲流河等河流系统对应的三角洲沉积体系和湖泊相也在盆地东缘出现。

在沉积序列方面，本溪期，由于海西构造运动华北海自北东向开始海侵，本区在海侵之前，一直处在加里东运动的风化和剥蚀作用中，因此，本区的沉积类型以充填为主，其层厚与古地形的凹陷程度有关，沉积岩种类繁多，主要有铝土岩、碎屑岩、碳酸盐岩、煤系地层和含碳质泥岩等，其特征是黄铁矿与菱铁矿含量较高，同时伴有铁铝岩。该岩层的厚度随着古地貌的改变而改变，随着海拔高度的降低，沉积层的厚度逐渐增大，但在东西部存在明显差异。

8.2　研究区沉积相分析

该剖面从陕西省韩城市象山以西的韩城电厂，一直到薛峰水库，主要是沿着涺水河两侧延伸。此段的石炭系-二叠系剖面是鄂尔多斯盆地东南缘和华北地区的主要代表地层。主要工作有：131 地质队于 1977 年进行了第一次现场勘察和测量；王军等西北大学教授也于 1977 年对该剖面进行了再测，并对其采集了植物化石；沈光隆 2000 年通过《鄂尔多斯盆地上古生界划分与对比研究》的专题研究中，系统整理了本节以往的研究数据，并在其研究报告中对本节的古生代数据进行了系统分析。

该剖面地层发育较为完整，出露的各地层单元间的分界较为清楚（见图8-4），但因第四系被植被覆盖，导致少数地区地层连续性间断。测量起点坐标为35°28′25.53″N，110°24′6.12″E，起点高程为 423m，终点坐标为 35°31′16.27″N，110°18′58.92″E，终点高程为 681m。

剖面根据岩性特征和岩性组合的特点，显示出了较完整的地层，分层界面清晰。底部为奥陶系马家沟组灰岩、岩溶白云岩；煤系地层基底为石炭系本溪组湖田段的含铝质砂泥岩与泥页岩；向上为石炭系本溪组畔沟段的砾岩与砂岩，密度逐渐减小的趋势；再上层为本溪组晋祠段的黑色泥页岩；下二叠统山西组以厚砂岩为主，且与下石盒子组呈整合接触；下石盒子顶部以灰绿色—厚块状—岩屑石英砂岩为主，与上石盒子组呈整合接触方式。

乡宁—台头石炭系—二叠系剖面，剖面位于乡宁台头镇附近，其中本溪组—山西组出露于台头镇附近，下石盒子组-石千峰组分布于台头镇至大宁县公路边（309 国道）。剖面由华北油田勘探开发研究院 1989 年测制，山西省煤田地质勘

图 8-4　韩城澽水河野外剖面照片

探公司也丈量了该剖面并采集了牙形石和植物等化石。该剖面地层由下而上依次为奥陶系马家沟组、石炭系本溪组、二叠系太原组、山西组、下石盒子组、上石盒子组和石千峰组，如图 8-5 所示。

　　奥陶系马家沟组主要由灰岩、豹皮状灰岩和少量泥质条带灰岩组成，乡宁、离石地区常见石膏质灰岩，孕育了丰富的油气资源且分布广泛，因成因复杂，故一直以来备受关注。马家沟组属于中奥陶统[263]，中奥陶统又可分为蒸发台地和局限台地沉积、开阔台地沉积。前者是在大规模的海退期形成的，由一、三、五段组成，岩性以白云岩类和蒸发岩为主；后者是在大规模海侵期形成的，由二、四、六段组成，岩性主要表现为灰岩[143]。中奥陶统末，研究区发生了时间跨度较长的岩溶改造作用，致使马家沟组上部（马五、六段）地层受到程度不同的剥蚀现象，导致上奥陶统—下石炭统的部分缺失。

　　研究区中石炭统本溪组厚度相对较小，最大厚度仅为 70m 左右，主要呈现出东高西低的趋势，有厚度稳定的烃源岩分布，储层有效孔隙度为 4.2% ~ 8.2%，

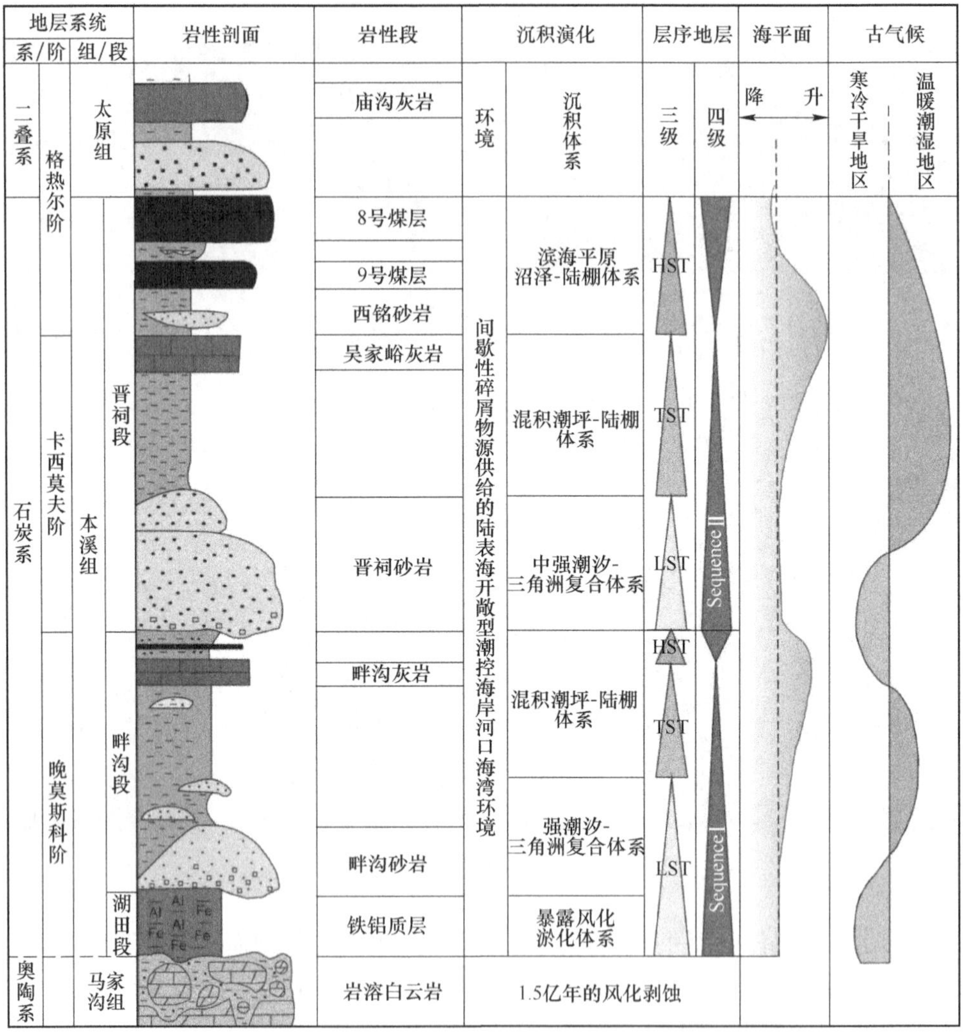

地层系统			岩性剖面	岩性段	沉积演化		层序地层		海平面		古气候	
系/阶	组/段				环境	沉积体系	三级	四级	降	升	寒冷干旱地区	温暖潮湿地区
二叠系	格热尔阶	太原组		庙沟灰岩		沉积体系						
		晋祠段		8号煤层		滨海平原沼泽-陆棚体系	HST					
石炭系	卡西莫夫阶			9号煤层	间歇性碎屑物源供给的陆表海开敞型潮控海岸河口海湾环境							
				西铭砂岩								
				吴家峪灰岩		混积潮坪-陆棚体系	TST	Sequence II				
		本溪组		晋祠砂岩		中强潮汐-三角洲复合体系	LST					
	晚莫斯科阶	畔沟段		畔沟灰岩		混积潮坪-陆棚体系	HST / TST					
				畔沟砂岩		强潮汐-三角洲复合体系	LST	Sequence I				
		湖田段		铁铝质层		暴露风化淤化体系						
奥陶系		马家沟组		岩溶白云岩	1.5亿年的风化剥蚀							

图 8-5 剖面地层柱状图

为低孔低渗储层，储层渗透率低、物性较差。本溪组包含 3 部分，底部为灰黄色中细粒铁质岩屑石英砂岩为主；中部以灰色泥岩、粉砂质泥岩夹杂浅灰色砂岩为主；顶层为灰白色中厚层块状石英砂砾岩。本溪组向下与奥陶系岩溶白云岩的分界标志为发育不完全的铁铝质沉积岩，该部分薄层铁铝岩又包括 G 层铝土和山西式铁矿两部分；向上以含硫量高的煤层为顶部，导致臭味明显，故也称为臭煤。

以本溪组地层资料为基础，结合岩性、标志层、沉积相等沉积学现象，可把本溪组划分为三个段：湖田段、畔沟段、晋祠段。湖田段主要为紫色的铝质泥岩、页岩，是本溪组铁铝层多次改造的结果，也是易于鉴别的标志层，与奥陶系马家沟组的白云岩、灰岩呈现出清晰的平行不整合接触面。其电学特性总体表现为低声波时差、高自然伽玛、高自然电位、高密度[264]，自然伽玛和密度曲线之间具有良好的一致性。

畋沟段主要以铁铝质的粉砂岩-砂岩、含碳页岩、灰岩和薄煤层为主，上部有少量的煤层，包含海生和陆生化石，属于海陆交互相。位于中部的畋沟灰岩，常呈透镜状并有古生物化石，但其厚度仅为1m左右。电学特性主要有低自然伽码、低自然电位、低声波时差、密度高、电阻率低等[264]，声波时差、自然电位和密度曲线之间有良好的一致性。

吴家峪灰岩及上层的8号、9号煤层，其厚度普遍在10~35m左右，平均厚度25m。在它的底部，发育着极具代表性的晋祠砂岩，以灰白、灰绿色和灰褐色的石英砂岩为主，以少量凝灰质的火山岩为辅，平均厚度为5~10m，最大厚度15~20m，从南到北逐步变薄，整体上呈现东厚西薄的特点。北部以含砾岩为主，南部以粗砂岩为主。晋祠砂岩的电学特征主要有声波时差、自然伽玛、自然电位、中子等均表现较低数值[264]，且自然伽玛和中子曲线具有良好的一致性。

太原组底部岩性差异大，既有浅海相也有沼泽相，岩性底层以泥岩、石英砂岩为主；中部以灰绿色泥岩、煤层、细粒岩屑石英砂岩为主；顶层以灰绿细砂岩为主。下二叠统山西组以灰白色砂岩为主，含有白云母片，夹杂少量灰黑色泥岩、粉砂质泥岩。下石盒子组以绿、黄绿砂岩、砂质-粉砂质泥岩为主，局部有不稳定的薄煤发育，上部为铝土质泥岩，下部为灰绿色厚层块状砂岩。上石盒子组属底层以灰绿色块状—中细粒石英砂岩、粉砂岩为主，其中夹杂少量灰绿色、紫红色砂质泥岩；中下部以灰色和紫红色粉细砂岩、砂质泥岩为主，其中夹杂少量灰色砂岩；顶层以灰色-红褐色泥岩、砂质泥岩为主，其中夹杂少量粉砂岩，有明显的交错层理。石千峰组属于上二叠统，以紫红色含砾砂岩为主，夹杂少量暗紫色粉砂质泥岩。

沉积构造是指由于物理、化学和生物作用，而在沉积过程中或在沉积后形成的不同的构造[265]。在露头沉积特征方面，研究区韩城涑水河剖面，可见多种层理构造。韩城涑水河剖面露头较为完整，本溪组底部的湖田段与奥陶系上部马家沟组的岩溶性白云岩呈不整合接触状态，岩溶作用面较清晰，且发育有黄色古土壤，属于I型层序界面（低位体系域），其厚度小于1m；畋沟段底层多表现为潮汐层理，岩性以中-薄层砂岩为主，其中夹杂碳质泥岩，说明潮汐的改造作用强烈。畋沟段顶层为灰黑泥页岩，说明该时期存在海泛沉积。晋祠段底部的三角洲相巨厚砂体，其沉积环境水动力强，大型交错层理发育（见图8-6），其冲刷面是研究两个层序的界面。在巨厚砂体之上，有明显的潮汐层理。

目前，对盆地北部本溪组的"源-汇"研究较为完善，但对盆地南部的研究较少，且观点不一。主要可分为潟湖—障壁岛沉积体系[266-267]和河流—三角洲—湖泊沉积体系[263]两种观点。综合分析，研究区石炭系—二叠系三角洲总体上是浅水沉积，远砂坝、河口坝沉积都不发育，三角洲平原上有分流河道沉积，三角洲前缘发育有水下分流河道，推测鄂尔多斯盆地东缘的石炭系本溪组为陆表海三角洲沉积体系（见表8-4），沉积亚相以三角洲平原、三角洲前缘等为主，沉积微相以分流河道等为主。根据不同地质时期，可主要分为以下4种类型：太原期是浅水的曲流河三角洲，具有较弱的底流运动和较短的砂体延伸，为平面喷流；山西期是浅水曲流河三角洲，但与太原期所处环境不同，具有明显的河控作用，平面为朵状，呈轴状喷流；石盒子期是具有辫状河特征的浅水三角洲，以平面喷流为主，砂体向远处伸展，多个阶段的冲刷-叠置作用明显；石千峰期为内陆湖泊三角洲。

表8-4 沉积体系分类

沉积体系	沉积亚相	沉积微相
障壁岛—潟湖体系	堡岛、潟湖 潮坪、潮汐三角洲	障壁岛相、砂坪、混合坪 泥坪/潮上、潮中、潮下
曲流河三角洲体系	三角洲平原、三角洲前缘 前三角洲	分流间湾、远沙坝、河口沙坝、分流河道、 天然堤相、决口扇、泛滥盆地
曲流河沉积体系	河床、堤岸 河滩、牛轭湖	河床滞留、边滩、天然堤 决口扇、河漫滩、河漫沼泽
陆表海三角洲沉积体系	三角洲平原、三角洲前缘 前三角洲	分流河道、远沙坝、决口扇、泛滥盆地、 分流间湾、天然堤相、河口坝
辫状河三角洲沉积体系	辫状河三角洲平原 辫状河三角洲前缘 前辫状河三角洲	分流河道、泛滥平原 水下分流河道、席状砂 远砂坝、分流间湾
辫状河沉积体系	河床、河漫	河床滞留、心滩
湖泊体系	浅湖	砂坝
碳酸盐台地体系	局限台地 开阔台地 蒸发台地	云坪、泥云坪、藻泥云坪、灰云坪 生物灰坪、藻灰坪、云灰坪、泥灰坪 膏盐湖、盐湖、含膏云坪、泥坪

韩城涺水河剖面，斜层理和河道下切的充填沉积构造不太明显。根据对斜层理的倾向数据的分析及前人研究[268]，综合分析得出研究区为8°~23°的古水流方向（见图8-6），并发现了双向交错层，证实存在潮汐作用。由此推断，盆地南缘本溪期存在潮汐-三角洲沉积环境，煤系地层主要发育在山西组和太原组。山西组是以潮坪-三角洲为主的陆相沉积体系，太原组是以浅水三角洲为主的海陆交互相沉积体系。

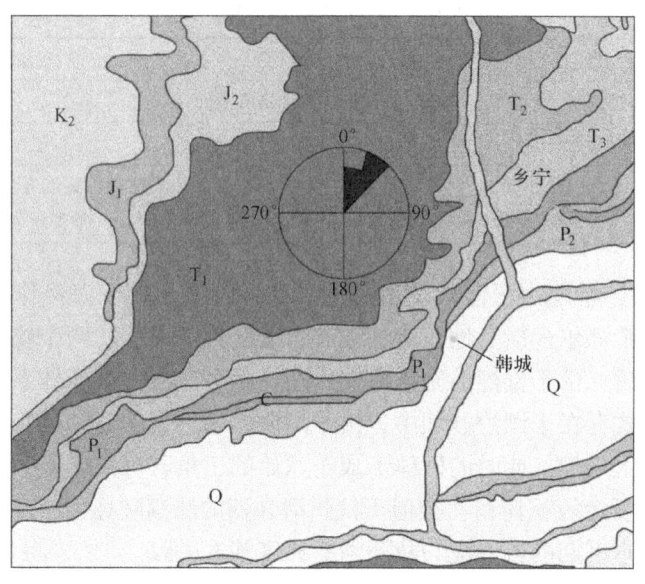

图 8-6   乡宁—韩城区域古水流

通过观察岩石的颜色,可以判定沉积环境的氧化情况,并能判定沉积时的水位状况。通常情况下,氧化环境和低水位域更易呈现浅色系,还原环境和高水位域更易呈现深色系,弱氧化弱还原环境下则更易呈现灰绿色。太原组以灰岩、灰白色中-细砂岩、黑色砂质泥岩、煤等为主,多呈水平层理和块状构造,可推测太原期水动力条件从南到北逐渐减弱;植物化石常有发现。山西组的岩性主要为灰白色-灰黑色-黑色泥岩、灰色细砂岩、粉砂岩和煤层(煤层中偶尔会夹有微量的黄铁矿结核),呈水平层理和块状构造,其中植物化石残片较为普遍。

8.3   研究区古地理特征

鄂尔多斯盆地东南缘石炭系-二叠系的沉积演化过程,有助于了解该时期的古地貌形态及古地理特征。按三级层序体系域的沉积充填顺序,将其分为 6 个易于识别的沉积阶段,并分别确定了 6 个不同的沉积演化时期和相对于海平面的变动。以此 6 个阶段为依据,对所研究的古地理的演变进行了重建。物源供应和潮汐特征制约了沉积体系分布。

(1)LST 阶段,填平补齐的沟槽淤化期。自加里东运动后,华北板块在晚古生代本溪期出现海侵事件;鄂尔多斯盆地因中央古隆起而分为古祁连海和华北陆表海;这一时期,研究区没有形成稳定的水体,故易受到风化剥蚀作用,属于层序的低水位体系域。结合上述情况总结分析如下(见表 8-5)。

表 8-5 LST 阶段古地理特征

地　区	古环境	岩　性
高地貌区	岩溶风化剥蚀区	
斜坡的沟槽区及洼地区	还原性的淤化沼泽	铝土质黏土岩
斜坡区的高地	海水微弱的时进时退	铁质黏土岩（氧化环境）铝土质黏土岩（还原环境）

（2）ETST，早期物源输入及聚砂期。在该阶段，由于海侵作用出现了大面积的海域，整个鄂尔多斯盆地东缘都被海水所覆盖。南、北两个物源区的沉积物在进入古海洋后，由于剧烈的潮汐改造作用，整个三角洲沉积体系被改造，砂体以零星散状形式存在于潮汐砂坝中；由于潮汐作用，大部分的砂坝在与海岸相交或垂直的方向上延伸；此时的砂体形成于原始的三角洲沉积体系，也可称为"强潮—三角洲"复合沉积体系，类似于杭州湾强烈的涨潮破坏型三角洲，仍属于陆表海，研究区本溪期的古纬度与杭州湾的纬度基本一致。

（3）LTST，晚期的海侵及物源输入的减少阶段，发生了快速海侵作用，南、北造山带构造活动逐渐减弱，致使物源供应急剧减少，小型河流-三角洲体系基本消失。以细粒沉积物为主，偶见砂体沉积物存在，主要表现为畔沟段灰岩，分布较为广泛；沉积环境向潮坪—陆棚沉积环境转化。从岩性和构造上来看，主要表现为成分混积。

（4）EHST，物源供应增强的聚砂期。在该阶段，海平面逐渐上升，可容空间增速低于物源供应速度。同 LTST 时期类似，南、北造山带构造运动再次加强，形成了最强的物源供应期，并在南北两端形成了三角洲沉积体系。由于可容空间增速始终小于物源的供应速度，在盆地北部三角洲体系进积作用持续向南，形成了大型的晋祠段砂体；海水的潮汐作用也影响了晋祠段砂体，而盆地南部砂体的改造作用比北部砂体显著，潮汐将砂体分割为条状分布的潮汐沙坝，根据潮汐沙坝的延展方向可推测潮汐以南东-北西的方向持续循环，形成了典型的潮汐—三角洲复合沉积体系。

（5）MHST，物源输入减弱的混积期。经过前期的水位缓慢升高，海平面处于相对稳定的最高点，又称最大海泛面。在岩性方面，主要为泥灰岩、泥岩为主，多为薄层，在泥质灰岩和高有机质含量的泥岩中，富含丰富且完整的浮游生物化石。本溪组的最大海泛面在研究区中很好辨认，一般以灰岩为主且伴有生物夹层，例如畔沟段灰岩和吴家峪灰岩是两个四级层序的最大海泛面。与前期相反，南、北两侧造山运动强度减弱，该阶段为本溪组出现的第二个混积期，以吴家峪灰岩为典型代表；该期的潮坪-陆棚沉积体系包括混积潮坪、混积陆棚和泥质潮坪。

（6）LHST，滨海沼泽区聚煤期。在最大海泛面结束后，海平面迅速降低，使早期的三角洲沉积体系转变为滨海平原。在该阶段，仍属弱物源供应阶段，但最大的变化是在晚古生代有利于成煤的条件下，滨海平原的沼泽区中生物生产率较高，由于海侵的影响，大量古植物被埋葬，形成了如今分布极为广泛的 8 号煤层。根据煤层发育的不同，可以将其分为贫炭高沼泽型和富炭低沼泽型。

9　鄂尔多斯盆地乌达石炭系—二叠系沉积学研究

本章研究区域为鄂尔多斯盆地西缘乌达地区，主要围绕石炭—二叠系剖面沉积学进行相关研究。研究区乌达地区剖面自下而上有石炭系的靖远组、羊虎沟组，二叠系的太原组。通过区域地质及研究区概况分析，对相关地层进行野外采样及岩石学分析，磨制相关薄片并照相，分析乌达地区石炭—二叠系沉积学特征进而建立古地理及沉积模型。

9.1　区域地质概况

内蒙古乌达地区位于鄂尔多斯盆地西北缘乌海市境内，其海拔高度在900~1300m之间，其西南部为贺兰山北端，海拔高度2500m，如图9-1所示。从地质角度上，该区域地处鄂尔多斯盆地冲断带西北端，晚古生代地层的野外露头主要出露有上石炭统靖远组、羊虎沟组和下二叠统太原组[269]。受海陆过渡相沉积环境的控制，太原组既发育有滨浅海沉积相，也有河流三角洲的沉积相；靖远组则

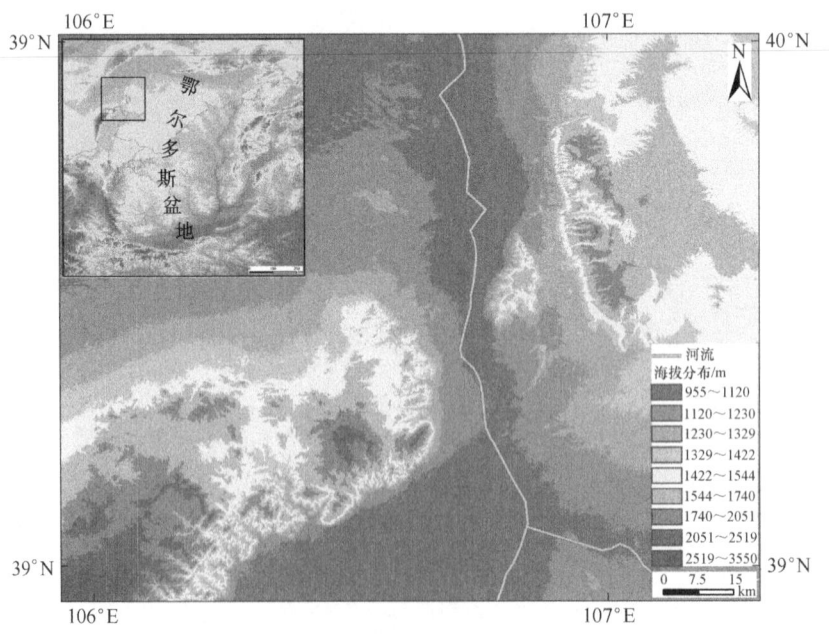

图 9-1　乌达地区地形与海拔分布

(Aster 数字高程数据，分辨率 30m/pixel)

主要发育的是潮坪、潮道等沉积相；羊虎沟组沉积环境主要为潟湖相、潮坪相、障壁岛相、潮下碳酸盐岩台地相等组合。

9.1.1 研究历史与现状

多期次的构造活动直接影响鄂尔多斯盆地西缘的古地理格局、物源方向、砂体沉积厚度和岩性等沉积模式要素。以盆地西缘石炭系羊虎沟组为例，大部分学者认为鄂尔多斯盆地西缘羊虎沟组时期主要发育潮控三角洲和障壁岛海岸沉积体系，也有学者认为其发育了浅海陆棚和扇三角洲沉积体系。针对乌达地区石炭-二叠系剖面，通过系统研究其沉积特点，阐明其沉积过程，具有重要的科学意义。

针对鄂尔多斯盆地的研究在 20 世纪初就已经开始了。早在 1914~1918 年，美孚石油公司富勒（M. L. Fuller）和克拉普（F. G. Clapp）等人在陕北、陇东地质调查时提出的"宜君砾岩""洛河砂岩""华池砂岩"等地层至今仍在沿用；1931~1934 年王竹泉和潘钟祥将陕西系上部归入"瓦窑堡煤系"，下部延长带改为"延长层"；1945 年陕甘宁边区政府派地质人员在延长呼家川至曹家圪塔之间进行标准测量，丈量了延长县至黄河边延长组剖面，并编有《延长石油地质概论》；1946 年田在艺等人在鄂尔多斯盆地西南缘进行石油地质调查时简测了平凉-固原地区前寒武纪、奥陶纪和古近纪、新近纪地层剖面。

1950 年，原中央燃料工业部成立了西北石油管理局陕北地质勘探大队，在北起延安、延长，南至韩城、银川一带进行石油地质调查和勘探；1951~1952 年李德生等在对盆地南北地层对比研究时，根据富县一带"延安系"之下和"瓦窑堡煤系"之上存在的一套以红色为主的杂色泥页岩，将其命名为"富县层"，并将潘景林等人发现的延安系枣园层假整合面之上地层称"直罗系"；1952 年张更、田在艺等人对白垩系前人分类的基础上又补充了"罗汉洞层"和"泾川层"。至此，陕北地区中生代地层框架基本建立；1953~1958 年期间，原中央燃料工业部石油管理总局地质局、石油工业部西安石油地质调查处、银川石油勘探局宋四山、谢庆辉、张文昭、甘克文等人先后在鄂尔多斯盆地内系统测制了石炭纪-白垩纪地层剖面，初步统一了盆地上古生界划分与对比，建立了较完整的中生代地层划分方案。

20 世纪 70 年代长庆油田会战之后，为配合中生界石油勘探，又细测了三叠系和侏罗系勘探目的层段的岩相剖面。1976~1979 年长庆油田开展了下古生界勘探研究，组织队伍实测了乌海桌子山、同心青龙山等地区的剖面，对本区寒武系-奥陶系进行了统一划分对比，并于中国科学院南京地质古生物研究所协作，较为系统地建立了三叶虫、笔石、牙形石等生物化石组合。1980 年以后长庆油田又与石油大学、北京大学合作，对一些剖面进行了重点观察、补测和重测，进一步完善了下古生界划分与对比。1983~1985 年长庆油田在开展上古生界煤成气研究时，测制了盆地东、西缘上古生界具代表性的剖面，后经不断完善，建立了盆地东缘柳林和西缘呼噜斯太石炭系-二叠系剖面。1990~1993 年长庆油田巴彦浩特联队与中国地质大学合作实测了贺兰山苏峪口、阿拉善左旗下岭南沟、胡基台、呼噜斯太及乌海市乌达等古生界剖面。1994~1997 年中国石油天然气总公司"鄂尔多斯盆地天然气勘探新方向和目标评价"二级课题"鄂尔多斯盆地下、上古生界岩性、岩相及储集体工业制图"勘探项目又重测和补测了盆地周缘具有代表性的寒武系-奥陶系、石炭系-二叠系剖面。王子腾等人认为，西缘的羊虎沟组物源主要来自大陆上地壳[270]；陈全红等人认为来自南、北部的多种物源为山西组-石盒子组提供了充填物质[137]；白斌等人认为盆地北部的阴山-阿拉善地区为山西组的物源[271]；梁飞认为阴山古陆、祁连—秦岭古陆是山 1 段与盒 8 段的物源区[272]。

9.1.2　区域构造特征

乌达地区位于北祁连造山带、阿拉善地块、阴山地块与华北板块交互作用的地区，构造背景复杂。北部以伊盟隆起北缘为界，南部以银川地堑与盆地西缘断褶构造带接触部位为界。古生代、古亚洲洋在中朝板块、塔里木板块与西伯利亚板块汇聚的过程中逐渐闭合，盆地北缘长期受多块体俯冲、拼合及碰撞作用最终形成兴蒙造山带[154]。在此期间，阿拉善地块受古亚洲洋壳向南俯冲作用影响，最终在中奥陶世或之后与华北板块拼合在一起[273]。晚古生代，西伯利亚板块南缘与华北板块北缘受消减作用的影响，两者逐渐拼接并隆升，形成阴山造山带[14]。随着这两大板块的对接碰撞，古亚洲洋在盆地北侧逐渐消失，盆地内发生明显海退现象[138]。盆地西南缘的秦岭—祁连造山带在早奥陶世由被动大陆边缘演化为活动大陆边缘[274]。晚石炭世，受祁连海海侵作用影响，超覆沉积发生在盆地西部[275]。祁连海与华北海的连通是在石炭纪太原期形成的，受南北向隆升控制，呈东西向展布。到了早二叠世山西期，由于地质构造运动进入了相对活跃的时期，开始了明显的海退。

9.1.3　区域地层划分

在野外地质勘察过程中，针对盆地东西两缘部分地层进行了实地观察与测量。盆地东缘石炭—二叠系沉积剖面总厚度为 126m，本溪组底部湖田段厚度约为 1.7m，主要为红色铝铁质砂岩风化壳；畔沟段总厚度为约为 10.6m，第一层厚度约为 1.1m，主要为厚层砂岩，有机质含量高为黑色泥岩（见图 9-2 (a)），底部为厚层砂岩（见图 9-2 (b)）；下部为含碳质黑色泥岩；中部为白色泥岩；上部为灰黑色粉砂岩；顶部为少量含有机质的黑色泥质页岩。第二层厚度约为

图 9-2 鄂尔多斯盆地乌达地区石炭系剖面野外照片

（a）黑色泥岩；（b）厚层灰黄色砂岩；（c）晋祠段铁质结核；（d）中粒砂岩节理与结核；

（e）古风化壳；（f）交错层理

2.2m，主要为含碳质黑色泥岩。第三层厚度约为 2.1m，主要为白色泥岩。第四层厚度约为 2.1m，主要为灰黑色粉砂岩；第五层厚度约为 3.1m，主要为含有机质的黑色泥质页岩。往上为厚度约 12.7m 的晋祠段，第一层厚度约 6.1m，主要为中层中粗粒砂岩；第二层厚度约为 4.5m，主要为厚层黑色页岩；第三层厚度约为 1m，主要为薄层吴家峪灰岩；第四层厚度约为 0.4m，主要为泥质岩，含铁质结核（见图 9-2（c））。第五层厚度约为 0.4m，主要为中粒砂岩，含结核 [见图 9-2（d）]；第六层厚度约为 0.3m，为 8 号、9 号煤层。二叠系的太原组总厚度约为 106m，主要为砂岩。

盆地西缘石炭系沉积剖面总厚度为 37m，为中石炭统靖远组，底部存在古风化壳（见图 9-2（e））。第一层厚度约为 2m，主要为黑色泥岩；第二层厚度约为 4m，主要岩性为中-厚层砂岩夹黑色泥岩，砂岩中可见交错层理（见图 9-2（f））；第三层厚度约为 6m，主要岩性为破碎较为严重的黑色泥岩（见图 9-2（a））；第四层厚度约为 4m，分为 3 个部分，底部为约 20cm 厚的中层砂岩、中部的灰黑色泥岩、顶部为厚层粉红色砂岩夹有薄层泥岩；第五层可测量部分为 2m，主要岩性为灰黄色的生屑灰岩，化石较多，不可测量的部分为破碎较严重的灰黑色泥岩；第六层厚度约为 2m，主要岩性为厚层灰黄色砂岩，如图 9-2（b）所示；第七层厚度约为 2m，主要岩性为黑色泥岩夹中层砂岩；第八层厚度为 15m，主要岩性为黄红色厚层砂岩，如图 9-3 所示。

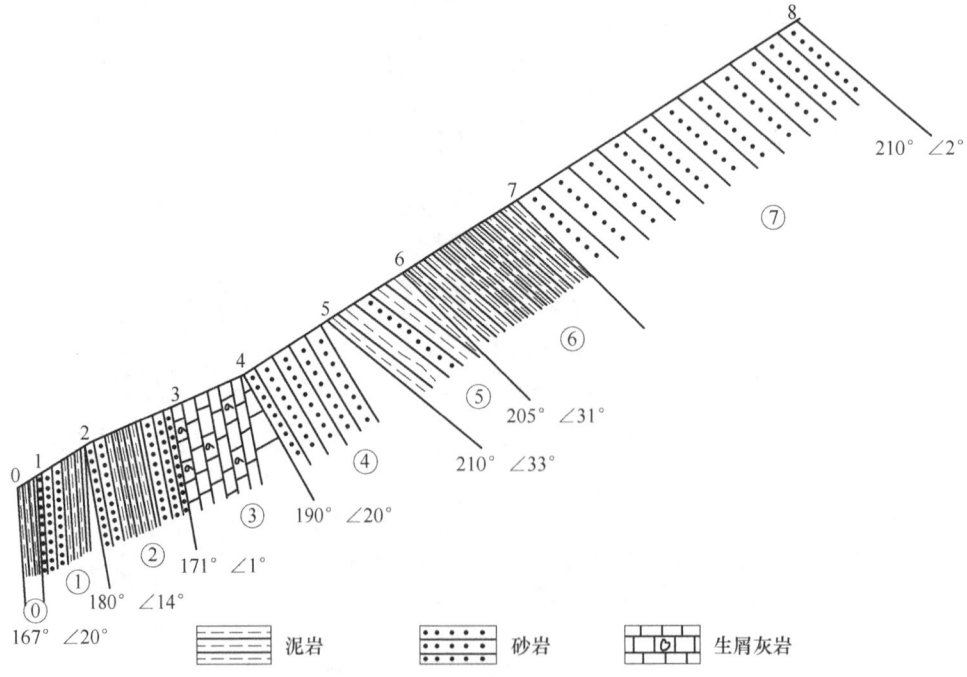

图 9-3 鄂尔多斯盆地西缘晚古生代地层剖面图

乌达地区的地层划分主要为以下几组，如图9-4所示。

图9-4　乌达地区石炭系剖面野外照片

（a）三山子组竹叶状灰岩；（b）靖远组与羊虎沟组分界线；（c）靖远组煤层；（d）板状交错层理；（e）砂岩生物扰动；（f）铁质结核；（g）羊虎沟组砂岩棋盘状解理；（h）湖田段铁铝矿；（i）湖田段黑色页岩

（1）靖远组（C_2j）。乌达地区石炭系靖远组，下伏寒武系三山子组，三山子组可见竹叶状灰岩（见图9-4（a））。靖远组包括下古生界风化面之上至羊虎沟组底砂岩底冲刷面之间的所有岩层，其与羊虎沟组呈整合接触，界限分明，在靖远组中含有煤层（见图9-4（b）和图9-4（c）），主要岩性为黑色薄层页岩，也有砂岩与泥岩，生屑灰岩中含有化石。

（2）羊虎沟组（C_2y）。羊虎沟组为一套海陆交互相沉积；砂岩中发现有河流—三角洲沉积环境中形成的板状交错层理及冲刷痕，在砂岩中还发现有生物扰动的痕迹以及铁质结核（见图9-4（d）、图9-4（e）和图9-4（f））；有些地区的砂岩有棋盘状解理（见图9-4（g））；其底部有类似于湖田段的铁铝层，旁边还发育有一套黑色泥页岩（见图9-4（h）和图9-4（i））。

（3）太原组（P_2t）。潮坪和滨浅海环境为太原组主要沉积环境，其沉积相为海陆过渡相，沉积相主要为潮坪相，岩性分别有泥岩、灰岩、煤层及砂岩，常呈互层状态。太原组泥岩中可见古植物化石；凝灰岩发育显著，可见凝灰岩层，厚度不等，说明同时期火山活动相对活跃，影响范围广、持续时间长。

太原组中下部为黄色厚层细粒含中细砾砂岩夹粗砂岩，上部为厚层粗粒砂岩夹砾岩。受第四纪冰期影响，太原组呈现出大量的冰蚀孔洞与冰蚀壁龛［见图9-5（a）］。中下部黄色细粒砂岩粒径约为1mm，随着地层逐渐向上，粒径也随之变粗，上方3m处粒径约为2cm，至5m处变为砂砾岩，含少量角闪石与石英。在砂砾岩上方0.5m处，砂粒由砾岩变回细粒砂岩，并随着地层的上升有着粒径变大的趋势，呈现出粒径由细变粗的趋势。

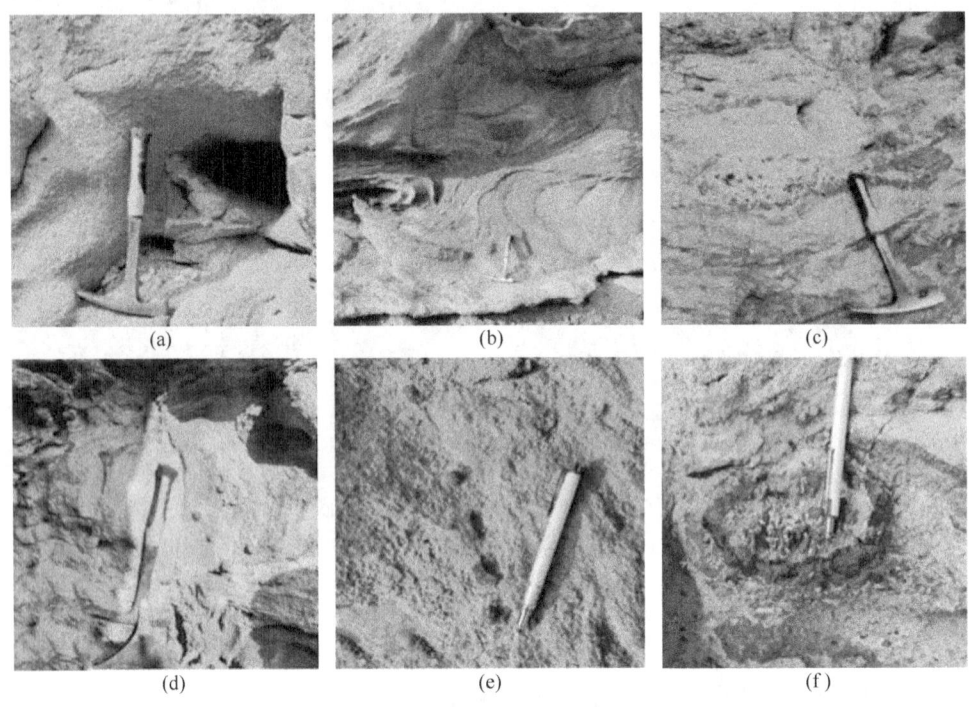

图9-5 乌达地区太原组剖面野外照片

（a）太原组中下部砂岩中的冰蚀孔洞；（b）交错层理；（c）定向排列的扁平砾石；
（d）太原组上部交错层理与砾石；（e）太原组上部褐色铁铝质结核；（f）椭球状红色铁质结核

太原组为河湖相沉积地层，其砾岩中可见波状及槽状交错层理、平行层理。其中含砾石，呈定向排列，可指示古水流方向（见图9-5（b）、图9-5（c）和图9-5（d））。砾岩主要为颗粒支撑，填隙物主要为砂粒级杂基，中含些许砾石，反映出砾岩沉积为水动力条件较强的环境。太原组上部富含结核，交错层理中排列有褐色铁铝质结核，直径约1cm（见图9-5（e））。太原组顶部出现大量椭球状红色铁质结核，呈同心圆状，直径在5~30cm不等（见图9-5（f））。

9.2 沉积体系

内蒙古乌达地区位于鄂尔多斯盆地西北缘乌海市境内，地处盆地冲断带西北端，研究区野外露头上古生界出露有下二叠统太原组和上石炭统靖远组、羊虎沟组等。靖远组主要发育潮坪、潮道等沉积相；羊虎沟组沉积环境主要为潟湖、潮坪、障壁岛、潮下碳酸盐岩台地；太原组沉积环境主要为潮坪和滨浅海环境，沉积体系为海陆过渡相式，沉积相为三角洲平原相及潮坪相。样品主要取自乌达地区野外出露的上古生界，乌达地区的沉积环境主要受到陆相和海陆过渡相沉积环境的控制。

9.2.1 海陆过渡相沉积体系

海陆过渡相的沉积体系是石炭—二叠系乌达地区形成的主要沉积体系。这个体系包括：障壁岛—潟湖体系、无障壁碎屑海岸体系。

障壁岛—潟湖沉积体系是通过平行海岸的障壁岛，潮口和潮汐三角洲和岛后潟湖组合而成，羊虎沟组是障壁岛—潟湖沉积主要发育地区。当障壁坝继续在海浪的作用下沉积，直到全部或部分露出水面形成障壁岛；海侵作用时，海水入侵把沙滩和陆地分割开来，形成沙脊，最后也可以发育成障壁岛。障壁岛的沉积体系包括临滨、海滩、风成沙丘和风暴冲越扇等；风暴冲越扇沉积也会根据风力的大小而形成不同的沉积地形，风力小会在障壁岛下面沉积，当风力较大时，风暴会越过障壁到达潟湖内沉积，形成了冲越扇，会有小型的交错层理。羊虎沟组、太原组的障壁岛规模较大，石英砂岩是其组成成分，底部含底砾岩[157]，总体由中-细粒砂岩及粉砂岩组成，颗粒分选磨圆均较好；上部是由石英砾石、铁质砾石和含砂砾石构成，下部为细粒的砂岩构成；经过潮汐、海浪的筛选，其磨圆度分选较好，向海一侧水动力强。

入潮口是潟湖和外海的通道，通道较深，为深切侵蚀面，内部含砾石和生物遗体；入潮口的下部主要是以退潮沉积为主，与上部形成交错层理。海滩和障壁岛是平行于海岸的砂质沉积体，海滩与陆地相连，障壁岛与潟湖相邻，波浪作用控制了海滩的发展。根据水动力条件的特点，可将海滩划分为海岸风成沙丘、海岸风成后滨、海岸风成前滨和海岸风成临滨；太原组最重要的沉积体系之一就是潮汐-三角洲沉积[276]。

海水在出海口会瞬间散开并沉积形成三角洲地形。向陆方向称为涨潮三角洲，向海方向称为退潮三角洲。波浪、潮汐和沿岸流输送了沉积碎屑，涨潮三角洲和退潮三角洲因障壁岛的存在会受到不同因素的影响出现多向的交错层理。

潟湖是被开阔海与障壁岛隔开的局部海水水域,并通过开阔海与潮汐通道连接起来。由于受到不完全、周期性的隔绝,导致潟湖的咸化或淡化,受海水的影响可形成不同的水体性质。潟湖水动力较弱。

粉砂质的泥岩、页岩、深灰黑色泥岩和灰色泥是潟湖的主要形成物质,夹杂着一些煤层和煤线、黄铁矿。页岩存在水平层理;潟湖区域的沼泽发育较多,有利于泥炭形成;湿润的气候是区域内太原期的重要特征;河水的大量注入使得潟湖发生呈现广盐性变化,潟湖化石组合主要由海豆芽和海扇、腹足类和鳞木的植物类组成,水动力条件较弱。

障壁岛—潟湖沉积体系是由障壁岛、入潮口、潮汐三角洲、潟湖和潮坪等沉积体系自上到下组成。

乌达剖面石炭系羊虎沟组内的障壁岛-潟湖沉积体系剖面为深灰色生物碎屑灰岩、泥岩、页岩等岩石,其大部分均为厚层,包含着足迹、珊瑚类和单细胞动植物化石;其石灰岩形成于海平面的上升期,泥岩含有双壳类化石;上滨面沉积物由灰白色细砂岩组成,发育有水平层理和槽形交错层理;下滨面主要为泥岩和细砂岩为主,有小型的交错层理;前滨面的沉积主要为灰白色细粒砂岩;障壁岛-潟湖沉积呈漏斗状变化趋势。

在研究区域中,潮坪相属于无障壁碎屑海岸的无障壁泥质滨岸沉积相,是羊虎沟组与太原组的主要沉积环境之一。潮坪沉积受海平面变化控制,潮坪沉积体系的形成主要受潮汐影响,波浪作用影响较小,常形成无障壁泥质碎屑滨浅海岸。潮坪环境被划分为潮下坪、潮间坪和潮上坪等微相沉积,呈平直状与海岸线平行。潮道沉积根据沉积物的不同还可以分为砂质和泥质,还有混合型潮道沉积,一般为砂砾岩和泥岩,层理为双向交错层理。潮下带沉积常出现砂岩沉积,由于强的水动力条件,常有大型交错层理。潮间带沉积包括砂坪、混合坪和泥坪,砂坪主要是由灰长石白色石英砂岩构成,位于低潮线附近;潮间带层理为大型的楔状交错层理。混合坪主要沉积特征是细砂岩与泥岩互层,典型的沉积构造有透镜体及水平层理构造。泥坪沉积相包含泥岩和页岩,还有少量薄层砂层,位于高潮线附近,发育有水平层理,含有丰富的化石及薄煤层。潮上带沉积岩为粉砂岩和粘土为主,为咸水沼泽沉积,此沉积带在高潮线之上。

三角洲沉积相是沉积物堆积到河口而成的沉积体相,若波浪或潮汐的作用较强,则可以使它们经过改造后重新分布。如果河流作用较海水作用强,且挟带泥沙量大的话,则易发育向海方向推进的三角洲,若河流作用较海水作用弱,挟带泥沙少,则三角洲发育缓慢甚至不发育。二叠系的太原组与石炭系的羊虎沟组皆有河流-三角洲形成的板状交错层理,所以河流-三角洲也为乌达地区晚古生代主要的沉积环境。分流河道趋于稳定的原因是天然堤发育良好。

9.2.2 陆相沉积体系

太原期曲流河发育，河道充填以粗碎屑岩为主，还有曲流河形成的砂坝。河道底部由砾岩构成的，磨圆较好，分选较差，底部冲刷面发育。曲流河砂坝由河流沉积物骨架砂体组成，包括低成分、结构成熟度的石英砂岩，可见各种规模的板状和槽状交错层理。太原组辫状河沉积体系发育了河流相粗砂岩，废弃河道表明辫状河河道变化频繁。

9.2.3 海相沉积体系

碳酸盐台地，最初仅是指巴哈马台地。自20世纪60年代人们对于碳酸盐台地认识的不断加深，对其概念也开始重新进行认识，经过不断的补充与发展，现代对于碳酸盐台地的概念是指水深位于风暴浪基面上部的浅水碳酸盐环境。在碳酸盐台地概念发展的过程中，几种模式的提出对其起到了至关重要的作用，包括肖-欧文模式，此模式将碳酸盐沉积环境分为了 X、Y、Z 三个带，即潮下低能带、潮间高能带和潮上低能带，在打破了原有的关于化学沉积作用是海相碳酸盐岩形成的主要原因这一传统观点，提出了生物是碳酸盐沉积物形成的新认识；拉波特模式的贡献是在肖-欧文模式的 X 带的基础上提出了在此带波基面之下细分出陆源碎屑沉积相带的观点；威尔逊模式是在前人研究的基础上综合了海底地形、潮汐、波浪等影响因素的高度综合性的新模式，威尔逊还提出了原地加积和进积这两种碳酸盐台地的形成方式，并在此基础上建立了碳酸盐标准相带模式；塔克模式更加注重实用性，提出陆表海沉积区和深水碳酸盐沉积区是在海相碳酸盐沉积环境的基础上划分出的两大沉积区；关士聪模式是针对我国古海域的沉积特点而提出来的，对于我国从早泥盆世至早三叠世的碳酸盐台地与台内复杂的格局来说，台地内盆地相带的提出具有重要意义；早期等斜缓坡、中期远端变陡缓坡、晚期镶边陆棚是里德在强调了沉积模式的阶段性的基础上将碳酸盐台地演化过程分成三个阶段的模式，称为里德模式。

乌达羊虎沟组沉积环境包含碳酸盐台地，其沉积相特征分为潮坪相、局限台地相、开阔台地相、碳酸盐浅滩相、台盆相、生物礁相、碳酸盐台地前缘斜坡相、盆地相。

潮坪相是以潮汐作用为主的平坦地形和开阔海岸，多位于潟湖周围、障壁岛内侧或上部。在萨布哈型环境下能够产生泥晶白云岩和石膏，有叠层石与水平纹层等显著标志，气候湿润时可发育有灰岩，发育有潮汐层理、鱼骨形层理和再作用面。

局限台地相位于潮下低能带，潟湖水体的盐度由于障壁岛的阻碍作用，使其会随着气候的不同而变化，在湿润区，因淡水注入量大于蒸发量，因此可形成淡化潟湖；在干旱区，因蒸发量大于淡水注入量，所以形成咸化潟湖，以发育水平层理和沙纹层理为主。

开阔台地相，巴哈马台地是典型，多发育在古代的陆表浅海环境中，以灰岩为主，多发育有水平层理，也偶有波状或结接状层理。

碳酸盐浅滩相多位于台地边缘的浅水高能带，浅滩以波浪的簸选和冲洗作用为主，板状、槽状交错层理状发育。

台盆相出现在盆地内浅水台地上的深水沉积区，称为台盆。沉积界面位于浪基面之下或氧化界面附近，在我国南方地区的上古生界和下三叠统，这种沉积相带非常发育。

生物礁相发育在气候温暖、阳光充足、具有抗浪的钙质生物和富含营养成分的海域，形成的典型的生物礁是具有地貌特征和坚固的抗浪性的碳酸盐块体。

碳酸盐台地前缘斜坡相沉积界面在浪基面之下，氧化面之上，在波浪的冲击作用下，因破裂与滑塌厚沉积物堆积在前缘斜坡上，形成塌积岩，分选与磨圆度均较差。

盆地相位于前缘斜坡外侧，处于次深海和深海环境中，因此沉积速度慢，交错层理不发育，有远洋灰岩、碎屑灰岩、浊积石灰岩。

9.3　古地理演化

根据对研究区域的地质背景与沉积剖面的调查，可以复原研究区域的古地理的演化过程。在构造作用的影响下研究区古地理演化可以体现为陆表海沉积体系转变成河流—三角洲沉积体系，最后变成湖泊—河流相沉积体系。

9.3.1　石炭纪

在晚奥陶世，由于构造运动的进行，华北板块在这一时期开始发生抬升，大面积的海退开始，当海水退出后，古陆开始遭受缓慢的剥蚀。加里东期后，鄂尔多斯盆地继承了在此期间碰撞—抬升的构造运动，并一直持续到晚石炭世，剥蚀时间长达 $1.5 \times 10^8 \sim 1.8 \times 10^8 a$，地层缺失志留系—下石炭统[229]。晚石炭世羊虎沟期，盆地延续了早期隆升与坳陷交替的古地理格局，中部发育了近南北向的"哑铃形"古隆升，东西两侧划分了华北海和祁连海。羊虎沟晚期，兴蒙海槽俯冲向南消减，包括鄂尔多斯盆地在内的华北地台由南隆北倾转变为北隆南倾，华北海和祁连海沿中央古隆起上升，北部局部连通。

9.3.2　二叠纪

二叠纪是古生代的最后一个纪，亦是重要的成煤期。在这一地质年代中，地壳运动比较活跃，板块碰撞加剧，众多古陆逐渐拼接成泛大陆。二叠纪之所以能够形成丰富的煤层得益于当时适宜的古气候与古地理环境。二叠系的煤层与石炭系煤层形成上古生界的主要含煤岩系。在早二叠世太原期，盆地区域性的持续沉降，导致海水从东西方向逐渐侵入，致使中央古隆起没于水下，并形成了统一的广阔海域。

9.4　本　章　小　结

通过对鄂尔多斯盆地西缘乌达地区晚古生代的地层剖面在进行了地质背景、沉积体系、古地理演化的研究之后，得出如下结论：

（1）乌达地区晚古生代剖面分为上石炭统的靖远组与羊虎沟组及下二叠统的太原组。靖远组中含有煤层及黑色页岩；在羊虎沟组的砂岩中发现有生物扰动的痕迹，有些地区砂岩有棋盘状解理；太原组地层经勘探全部由细粒夹粗粒砂岩构成，受第四纪冰期影响，太原组呈现出大量的冰蚀孔洞与冰蚀壁龛。

（2）乌达靖远组沉积相主要为潮坪、潮道等沉积相；羊虎沟组沉积环境主要为潟湖、潮坪、障壁岛、潮下碳酸盐岩台地；太原组沉积环境主要为潮坪和滨浅海环境，为海陆过渡式沉积环境，沉积相为三角洲平原相及潮坪相。

（3）海西运动早期的石炭纪，海退开始出现，至晚石炭世前，剥蚀作用一直都有发生；二叠纪期间地壳运动活跃，随着盆地持续沉降，海水从东西两侧方向开始侵入，导致中央古隆起没于水下，开始沉积。

10 鄂尔多斯盆地东缘柳林石炭系—二叠系沉积学研究

鄂尔多斯盆地东缘石炭—二叠系埋藏着丰富的煤炭、煤层气及其伴生资源，本章以鄂尔多斯盆地东缘柳林地区为研究区，以晚古生代石炭系—二叠系为主要研究层段，系统地开展对柳林石炭—二叠系的剖面沉积学特征的研究，这对了解该地区沉积特征具有重要作用，并对该区的煤炭资源和伴生资源的勘探与利用都有重要的指导作用。

10.1 区域地质概况

柳林县位于山西省中部西缘，吕梁山麓，黄河东岸，东与离石区、中阳县交界，南临石楼，北毗临县，西临黄河与陕西省吴堡、绥德、清涧县为邻，如图10-1所示。由于久经风雨流水的侵蚀剥蚀，覆盖在地表的黄土层形成了复杂地貌单元。

（1）山地区，柳林县东北地区及三道梁地区，以峰岭多为特征。由于长期的风化侵蚀和流水冲刷，山体发育，形成了"V"字形地貌。

（2）残塬区，柳林县是西北黄土高原地区，早期的黄土地形态较为平坦，单位面积大，形态较为完整。

（3）丘陵沟壑区，柳林县的大部分属于这种地貌类型。在长期的地质发展中，大部分地区都形成了沟壑区。

（4）河谷区，柳林县河谷区在三川河、黄河、大黄沟两侧，因水流的堆积，逐渐形成高低不一的河谷阶地、河漫滩、阶地、河曲洼地、河堤洼地。

研究区为半干旱大陆性季风气候，具有明显的季节性特征，受冬、夏两种风交替作用。春天天气干旱，雨量少，多风；夏天高温多雨；秋天凉爽，降雨充足；冬天寒冷，降雪少。年平均气温在11~12℃，1月份−3.5℃，7月份26℃。年降水量为400~500mm。从各月平均降水量与平均温度分布，如图10-2所示，能看出该地降水强度主要集中在夏季6~9月，而气温最高也在6~9月，所以柳林地区具有雨热同期的气候特征。

柳林县处于干旱森林向草原过渡地带，植被类型以落叶阔叶林灌草为主。受降水量的限制及人类活动影响造成森林、灌丛和草本植被不断减少，地表植被稀疏。常见的植物主要有黄刺玫、沙棘、狼牙刺、酸枣、连翘、扁核桃、羊厌厌、荆条、荬迷等灌木及白羊草、木化针茅等草本植物。

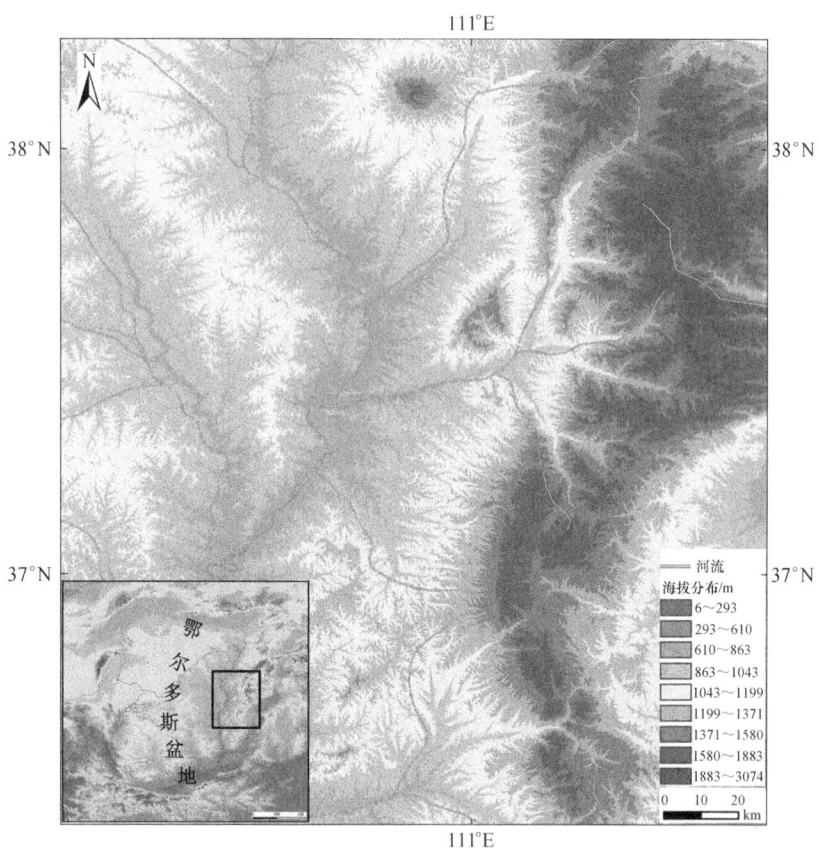

图 10-1 柳林地区地形与海拔分布

(Aster 数字高程数据，分辨率 30m/pixel)

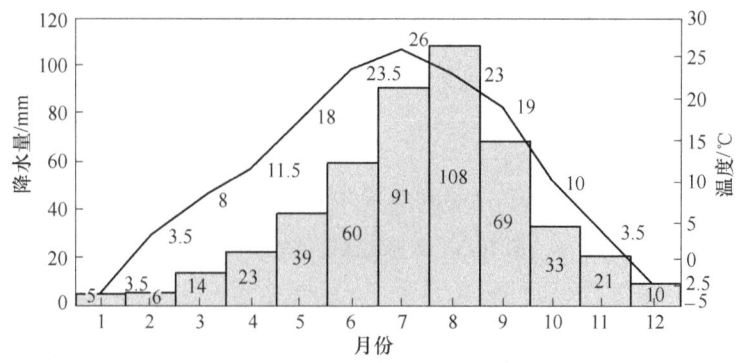

图 10-2 柳林地区 2021 年各月平均温度与降水量

柳林境内属河东凹陷的中段，地势东高西低，地层出露比较齐全，构造相对简单，岩浆活动较少，矿产资源丰富。地层的大致特点是东部沟中地层时代老，向西逐渐变新。柳林东部主要分布太古界；柳林的中部和东部主要为古生界；柳林的西南部主要为中生界；新生界上新统和更新统分布面积最广。

柳林地区位于鄂尔多斯盆地的东缘（见图10-3），吕梁山块与鄂尔多斯块接壤南北向构造带西侧。吕梁山区域出露大量太古宇变质岩及侵入岩等，是了解该时期华北地区地质演化的重要区域。

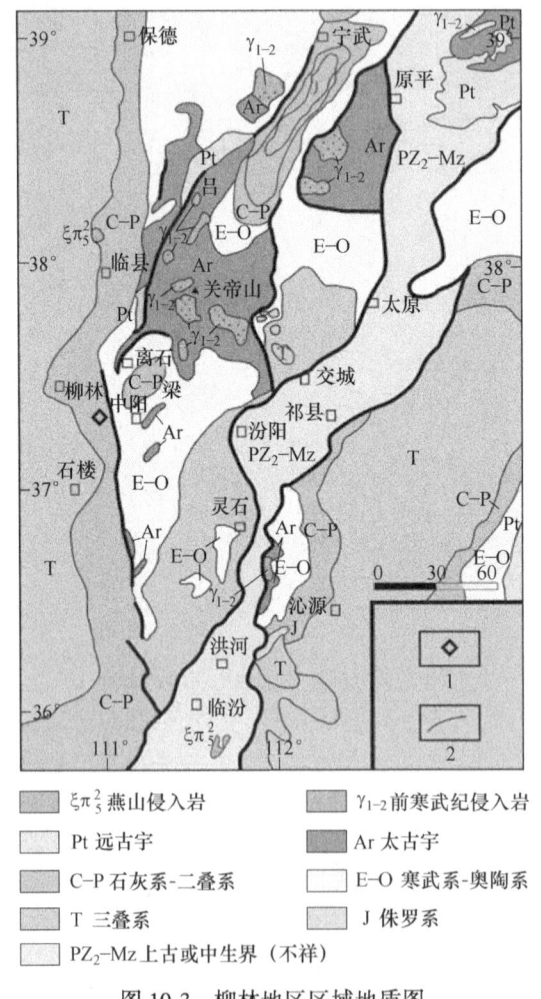

图 10-3　柳林地区区域地质图

盆地东缘发育的主要地层有奥陶系、石炭系、二叠系、三叠系、新近系、第四系，其中含煤地层主要为石炭系的太原组和山西组，二叠系的本溪组，但相比于前两段地层，本溪组的含煤度就较少了。

结合资料及地层出露情况，研究区及周边赋存的地层由老至新依次为下古生界奥陶系中统峰峰组（O_2f），上古生界石炭系中统本溪组（C_2b）、上古生界石炭系上统太原组（C_3t），上古生界二叠系下统山西组（P_1s）、下统石盒子组（P_1x），上古生界二叠系上统上石盒子组（P_2s）、石千峰组（P_2sh），新生界三叠系下统刘家沟组（T_1l）、和尚沟组（T_1h），新生界新近系上新统（N_2）保德组；新生界第四系中更新统（Q_2）离石组、上更新统（Q_3）马兰组、全新统（Q_4）等（见表10-1）。

表10-1 柳林地区地层特征表

界	系	统	组	符号	岩 性
新生界	第四系	全新统		Q_4	近代河流冲积、洪积层，砂砾泥质岩碎屑等组成
		上更新统	马兰组	Q_3	砂质釉土、粉砂土、亚黏土组成，厚 0～40.00m
		中更新统	离石组	Q_2	砂质黏土、亚黏土、亚砂土组成，底部常有一层砂砾石层，厚 2.50～140.00m
	新进系	上新统	保德组	N_2	黏土及亚黏土为主，夹砂砾石层及钙质结核层，厚 4.00～94.50m
	三叠系	下统	和尚沟组	T_1h	泥岩，砂岩为主，厚度为 92.00～164.00m
			刘家沟组	T_1l	细粒砂岩，粉砂岩，砂质泥岩，泥岩与层数不稳定的砂岩透镜体，厚度为 409.80m
上古生界	二叠系	上统	石千峰组	P_2sh	砂质泥岩，泥岩为主，少量砂岩，含透镜状钙质结核，厚 101.00～193.50m，平均厚度为 141.07m
			上石盒子组	P_2s	泥岩，砂质泥岩，夹灰色、灰绿色，夹燧石条带，厚度为 269.70～457.40m，平均厚度 371.11m
		下统	下石盒子组	P_1x	细—粗粒砂岩，粉砂岩，砂质泥岩及泥岩，厚度为 66.12～102.18m，平均厚度为 81.93m
			山西组	P_1s	以陆相碎屑岩沉积为主，粗、中、细粒砂岩、粉砂岩，砂质泥岩，泥岩及煤层，地层厚度为 42.89～79.92m，平均厚度为 60.80m
	石炭系	上统	太原组	C_3t	由灰色中—细粒砂岩，灰—深灰色粉砂岩、砂质泥岩及灰黑色泥岩，炭质泥岩和煤层组成。地层厚度 81.02～116.76m，平均厚度为 96.22m
		中统	本溪组	C_2b	铁铝岩、履职泥岩、细粒砂岩、粉砂岩、薄层石灰岩组成，厚度为 16.29～39.00m，平均厚度为 27.37m
下古生界	奥陶系	中统	峰峰组	O_2f	以泥质岩夹白云岩为主，厚度为 103.54～147.41m，平均厚度为 124.16m

本溪组为奥陶系马家沟组的上覆地层，与其的接触关系为角度不整合，部分为平行不整合。为石炭系最下面的地层，位于马家沟组风化壳上，其上部是太原组地层，两者之间隔了一层砂岩。本溪组地层厚度为10～60m，由两段组成，其

中下半部分有风化壳和煤层组成，厚度较小。上半部分以各类岩石为主，其最上面有少量煤层。改组主要为潟湖-潮坪沉积体系。

太原组为本溪组的上覆地层，也是山西组的下伏地层，该组地层厚度比本溪组厚，几乎是本溪组的两倍（70~100m）。太原组和本溪组一样，由两个层段组成，上半部分厚度较大，主要有各类深色岩石（灰岩、泥岩、粉砂岩）和较厚的煤层组成。下部分与上部分岩石组成类似，但其厚度较小，为上部分的一半不到。太原组是三组中灰岩和海相泥岩最发育的层段。该组的沉积环境主要为潮坪障壁砂坝和潟湖障壁海岸。

山西组为太原组的上覆地层，两者之间隔了一层砂岩岩层，山西组地层厚度与太原组相近，比太原组厚一点，在 80 ~120m 之间。山西组上部分由两个煤层和各类岩石组成，厚度较少，下半部分则以几个煤层为主，有大量不稳定的砂岩，该部分是主要的采煤区。因为华北方向的海水退去，该组沉积环境主要为浅水河流三角洲。

在含煤地层方面，研究区本溪组、太原组、山西组在石炭纪-二叠纪期间积累了大量煤炭[8]（见图 10-4），煤层总厚度达一百多米，底部为本溪组下伏的中

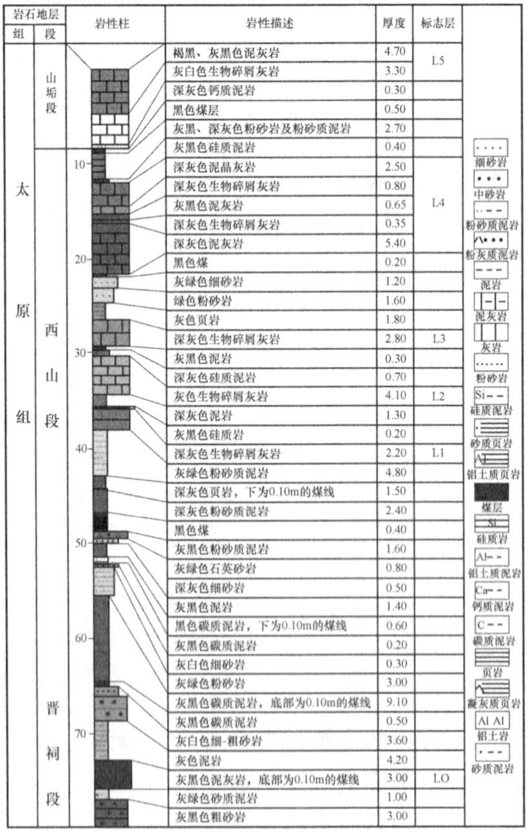

岩石地层
组
段
岩性柱
岩性描述
厚度
标志层
太原组
山垢段
西山段
晋祠段
10
20
30
40
50
60
70
褐黑、灰黑色泥灰岩 4.70
灰白色生物碎屑灰岩 3.30
L5
深灰色钙质泥岩 0.30
黑色煤层 0.50
灰黑、深灰色粉砂岩及粉砂质泥岩 2.70
灰黑色硅质泥岩 0.40
深灰色泥晶灰岩 2.50
深灰色生物碎屑灰岩 0.80
灰黑色泥灰岩 0.65
深灰色生物碎屑灰岩 0.35
深灰色泥灰岩 5.40
L4
黑色煤 0.20
灰绿色细砂岩 1.20
绿色粉砂岩 1.60
灰色页岩 1.80
深灰色生物碎屑灰岩 2.80 L3
灰黑色泥岩 0.30
深灰色硅质泥岩 0.70
灰色生物碎屑灰岩 4.10 L2
深灰色泥岩 1.30
灰黑色硅质岩 0.20
深灰色生物碎屑灰岩 2.20 L1
灰绿色粉砂质泥岩 4.80
深灰色页岩，下为0.10m的煤线 1.50
深灰色粉砂质泥岩 2.40
黑色煤 0.40
灰黑色粉砂质泥岩 1.60
灰绿色石英砂岩 0.80
深灰色细砂岩 0.50
灰黑色泥岩 1.40
黑色碳质泥岩，下为0.10m的煤线 0.60
灰黑色碳质泥岩 0.20
灰白色细砂岩 0.30
灰绿色粉砂岩 3.00
灰黑色碳质泥岩，底部为0.10m的煤线 9.10
灰黑色碳质泥岩 0.50
灰白色细-粗砂岩 3.60
灰色泥岩 4.20
灰黑色泥灰岩，底部为0.10m的煤线 3.00 LO
灰绿色砂质泥岩 1.00
灰黑色粗砂岩 3.00
细砂岩
中砂岩
粉砂质泥岩
粉灰质泥岩
泥岩
泥灰岩
灰岩
粉砂岩
Si
硅质泥岩
砂质页岩
Al
铝土质页岩
煤层
Si
硅质岩
Al
铝土质泥岩
Ca
钙质泥岩
C
碳质泥岩
页岩
凝灰质页岩
Al Al
铝土岩
砂质泥岩

图 10-4　柳林成家庄剖面柱状图

奥陶统灰岩，顶部为石千峰组的骆驼脖子砂岩层。本溪组、太原组和山西组均存在大煤层，煤层厚、层位稳固。本溪组煤层含煤率低，煤层数量少，含硫量高。本溪组底部为马家沟灰岩，顶最上部为晋祠砂岩，为太原组和本溪组的隔层。太原组底部为晋祠砂岩与本溪组相隔，顶部则以北岔沟砂岩与山西组相隔，该组含煤最好，具有多层煤层，各煤层均有很大的厚度，总厚度在4~15m左右，煤层以其下部为主。山西组最下部的北岔沟砂岩为该组的底层，与太原组相隔，上部则以下石盒子组最下部的骆驼脖子砂岩层相隔。

10.2 沉 积 特 征

沉积环境的研究是多因素、多学科的综合，是系统的、复杂的。沉积相标志的测定是研究沉积相和沉积体系的最直接的手段。本书对沉积相的研究方法和对象主要为沉积学标志（包括岩色、成分、沉积岩的结构特征和构造等）、古生物学标志等相标志，以下对研究区的沉积相特征进行了系统的分析，并将其进行了分类。

10.2.1 沉积学标志

沉积环境对沉积岩的颜色影响较大，同一类型的沉积岩在不同的沉积环境中表现出明显的差异，这是因沉积发生时不同的环境产生的作用也不同，所以其颜色主要是反映了当时的沉积环境，其中主要反映的是古气候和氧化还原特性。沉积物的颜色都表现在外，通过肉眼就可观察出来。因此，沉积物的颜色是最直观、最易于获取的宏观特征。沉积岩体的颜色大致分为继承色、自生色、次生色三类，分为原生色和自生色两大类，只有自生色才能反应沉积时的环境。沉积岩的自生色差异是由岩体中的有机质、铁元素（Fe^{2+}、Fe^{3+}）及沉积环境等因素决定的，铁质的含量不同，种类不同产生的颜色也就不同。

一般而言，在沉积环境中，有机质含量愈高，所产生的沉积物越黑，相反则越浅。铁元素的含量对岩石的色泽有一定的影响，而铁元素的多少也会导致岩石的色泽差异，其中Fe^{2+}多则以绿色为主，Fe^{3+}多则以红色为主。从某种意义上讲，沉积岩的原生色也能反应出其氧化还原的状况，一般来说，色泽越深，其还原作用越强，通常呈现出黑色、深绿、深灰等；岩体的色泽越浅越亮，其氧化程度越高，其色泽以紫、红为主。应注意，沉积岩的颜色受碎屑颗粒的颜色（继承色）的影响，次生色是后期的蚀变产生的，而继承色反映了源区的岩色。因此，只有自生色才能准确地反映出沉积环境。

研究区本溪组与上覆地层太原组的岩石颜色差异不大，太原组至本溪组整体呈现出较好的氧化环境。太原组砂岩总体上以深灰色为主，泥岩以偏灰黑为主，而碳酸盐岩系则以偏灰色系为主，其中有机质总体含量高，总体上呈现深黑色还原性环境。

山西组以灰色、灰黑色和黑色的岩石为主，并夹杂少量的灰绿色。由于没有发现红色沉积和杂色泥岩的沉积，总体上呈暗色，说明该地区的改造主要是在还原的环境中。

10.2.2 成分特征

本溪组含铁铝岩、灰岩、泥岩等，并以薄煤层为特征。山西组以灰白色石英砂岩为主，也有灰色粉砂岩，泥岩或二者间过渡岩性互层。太原组岩体结构复杂，岩性有其特殊性，可划分为两大类，即碎屑岩系和碳酸盐岩系。通常，碎屑岩的碎屑组成无法区分沉积环境，但其中的原生矿物是一种很好的沉积环境标志，也是一种辨别沉积相的主要标志。碳酸盐岩系是一种典型的沉积环境，其厚度、类型随沉积环境的改变而改变，可以通过这个来辨别沉积相。

位于鄂尔多斯盆地东缘的太原组，具有多种类型的碎屑岩，其中以太原组的下部为主，发现了具有大厚度的多层碎屑岩。碎屑岩主要由砂岩和泥岩组成，和两者间的过渡岩性。砂岩主要有粉砂岩、细砂岩、中砂岩和粗砂岩，泥岩主要为泥岩和碳质泥岩，多层过渡型碎屑岩也能见到。

研究区砂岩主要是石英砂岩，而长石质英砂岩则是其中较少的一种。岩层组成与构造在区域上和垂直上都有一定程度的差别，主要是沿水平方向上的砂岩种类及厚度不同，垂直向上的岩层从下往上逐渐变细，且组成上长石、石英含量逐渐增大。

在碳酸盐类及成分特征方面，研究区内太原组碳酸盐岩主要发育在太原组上部，以灰岩（泥晶灰岩、生物碎屑灰岩等）和泥灰岩为主，分布较匀。泥灰岩成分以方解石、黏土为主，在岩石中也有少量生物化石的泥灰岩是一种介于泥岩和灰岩之间的过渡岩。因为多处于动荡的浅水环境，所以灰岩中泥质含量较高。生物泥晶灰岩在研究区太原组具有很大的分布。其中以生物碎屑为主，如小有孔虫、介形虫、腕足动物，岩石中有泥质杂基。太原组的生物特征显示，太原组的沉积环境存在着很大的差异，同时也存在着深、浅两种水体，这说明了其沉积环境的多样性。

10.2.3 结构特征

沉积环境对沉积岩的结构有很大的制约作用，如粒度、分选度、磨圆程度、接触类型、孔隙度等与沉积环境有很大的联系。因此，其结构可以很好地反映出沉积过程中的物理环境。以太原组为例，太原组的砂岩主要为中—粗砂岩、少量的粉砂—细砂岩、分界明显，磨圆度较好，表明太原组的碎屑岩是在长期的搬运、磨蚀过程中经受了强烈的水流和波浪的影响。

10.2.4　沉积构造标志

沉积构造是指由沉积岩成分在空间上的分布与排列而形成的整体结构。是由于沉积物的物理、化学和生物作用而产生的。在沉积物形成和固结之前，所形成的构造称为原生结构，如层理和层面结构。原生沉积构造是由沉积环境控制。次生构造则是在成岩之后形成的。沉积岩的原生构造可以很好地反映沉积岩的水力学状况，是鉴别沉积阶段的重要方法。

块状层理方面，研究区的块状层理主要分布在下石盒子组、山西组，以泥质层段为主，夹杂着一定数量的粉砂岩或砾岩，在样品中发现了一些植物化石。沉积环境多为深水环境或者浊流沉积。块状层理是一种比较普遍的沉积构造，从总体上看，其内部物质组成均匀，颜色、结构和构造没有明显的特征。

水平层理方面，研究区的泥岩、粉砂岩、泥晶灰岩等岩层中均有水平层理，其层理与地层相平行，产状稳定。研究区山西组上部湖泊区多见，这是由于该层理形成时周围水环境稳定。

平行层理方面，研究区太原、山西组均存在平行层理，沉积环境以河道沉积、湖岸沉积为主。平行层理形成条件更强，水流速度更快，从而承载了大量的泥岩和细小的砂体。在河床上，颗粒按厚度分布，不断沉淀，形成横向分层。

交错层理方面，研究区太原、山西两地层交错层理发育较好，其分布范围为南北向上，中部突出，尤其是形成于山西组河流沉积环境下的，层理分布较多，且三角洲平原等沉积亚相和微相也较为丰富。交错层理是普遍存在的一类层理，其层纹与层面呈角度交叉，具有不同的尺寸和形态。按纹层的形态和它们与层间的关系，可以将它们划分为板状交错层理、槽状交错层理、楔状交错层理、波状交错层理等。

板状交错层理的层系的界面与地层的交界面相互平行，而层系的内部与层系之间有一定的角度交叉。由于其形成的过程是沙波的运移，因此在形成的过程中，存在着强烈的水动力扰动。板状交错层理多见于潮汐时。

槽状交错层理的单一层系的厚度变化明显，各个层系的底界都有强烈的下陷，具有明显的槽状侵蚀底边界。有时，由于观测角度不当，把槽状交错层理视为平行层理，这说明二者具有相似性。这种层理主要是在水流强烈的往复运动环境中形成的。

10.3　沉　积　体　系

沉积体系的概念由 Fisher 和 Brown 于 20 世纪 60 年代末提出，认为"古代的沉积体系是成因上被沉积环境和沉积过程联系起来的三维组"。Fisher 和 Brown 将碎屑沉积体系划分为 9 种类型：（1）河流体系；（2）潟湖、海湾和潮坪体系；（3）大陆和盆地体系；（4）三角洲体系；（5）大陆和克拉通内陆架体系；（6）障壁坝—海岸平原体系；（7）冲积扇和扇三角洲体系；（8）湖泊体系；（9）风成体系。通过对研究区野外露头的勘测、分析及所采集岩石标本的岩石学特征、古生物标志的分析，判别出研究区沉积相有三个，为陆相、海陆过渡相、海相。进一步判别出障壁岛—潟湖相、碳酸盐潮坪相和浅水三角洲相等三种沉积体系和多种亚相。下面进行简单叙述（见表 10-2）。

表 10-2 研究区本溪组-山西组沉积相划分

沉积相	亚相	微 相	地 层
三角洲	三角洲前缘	水下分流间湾、水下分流河道	太原组、山西组、下石盒子组
	三角洲平原	河漫滩、泥炭沼泽、分流河道	
障壁海岸	潮坪	砂坪、泥坪、混合坪	太原组、本溪组
	障壁岛	海岸砂丘	
碳酸盐台地	潟湖		
	开阔台地		太原组

10.3.1 海陆过渡相沉积体系

研究区发育了大量的三角洲沉积相，其中本溪组、太原组、山西组在垂向上三个区域都有分布且沉积构造类型随岩性的不同而不同。水平方向上，而研究区的中部、南部则较为发达，都是浅水河控三角洲。研究区三角洲沉积物以粉砂岩、粉砂质泥岩、泥岩为主，并夹杂着细粒沉积、泥炭层、煤层。

在研究区三角洲平原亚相方面，山西组为三角洲平原亚相发育最好的地层，太原组稍少。研究区分流河道微相砂岩具有良好的分散性，其粒级差异显著，垂向粒序发生了正粒序的改变。水平、平行层理发育不良，以水平层理为主。研究区的三角洲平原地区多为沼泽微相，可见其发育范围十分广阔。水质以淡水和半咸水为主要特征，属于较弱的还原或还原环境。岩体颜色深，以泥岩为主，并夹杂着少量的粉砂。

研究区中三角洲前缘亚相的分布，以太原组、山西组为主，本溪组的发育程度不高，横向上，中南部较多。研究区受河流持续的搬运、冲刷，破碎粒径不断缩小，岩性从砂岩—粉砂岩—泥岩到粉砂—泥岩互层。层理以波状、透镜状为主，交错层理少见。研究区中南部太原、山西组发育了大量的水下分流河道微相，主要岩性为粉砂岩，并伴有少量的泥岩。研究区的海底分流间湾微相，因长期受水流的冲刷，岩石颗粒细小，泥岩含量高，粉砂含量低，横向层理发育较好。

　　研究区障壁岛相主要分布于本溪组和太原组（见图 10-5），主要分布有中—粒砂岩和粉砂岩为主要的岩石，富有重矿物。岩石的粒径分布比较好，可以观察到砂砾的逐渐变化，这是因为受连续的波浪和潮汐的影响。障壁岛靠近海岸的一面，海底有大量的贝类化石，上层受海水侵蚀的程度很低，但经常被海风吹蚀，碎屑颗粒有很好的磨圆度。研究区多发育厚层楔状、槽状交错层理，且多有不均匀波浪冲刷的痕迹，这是因为海浪涨落的非规律。砂体的形态分布与海侵方向是垂直的，在某些区域可以看到分支。

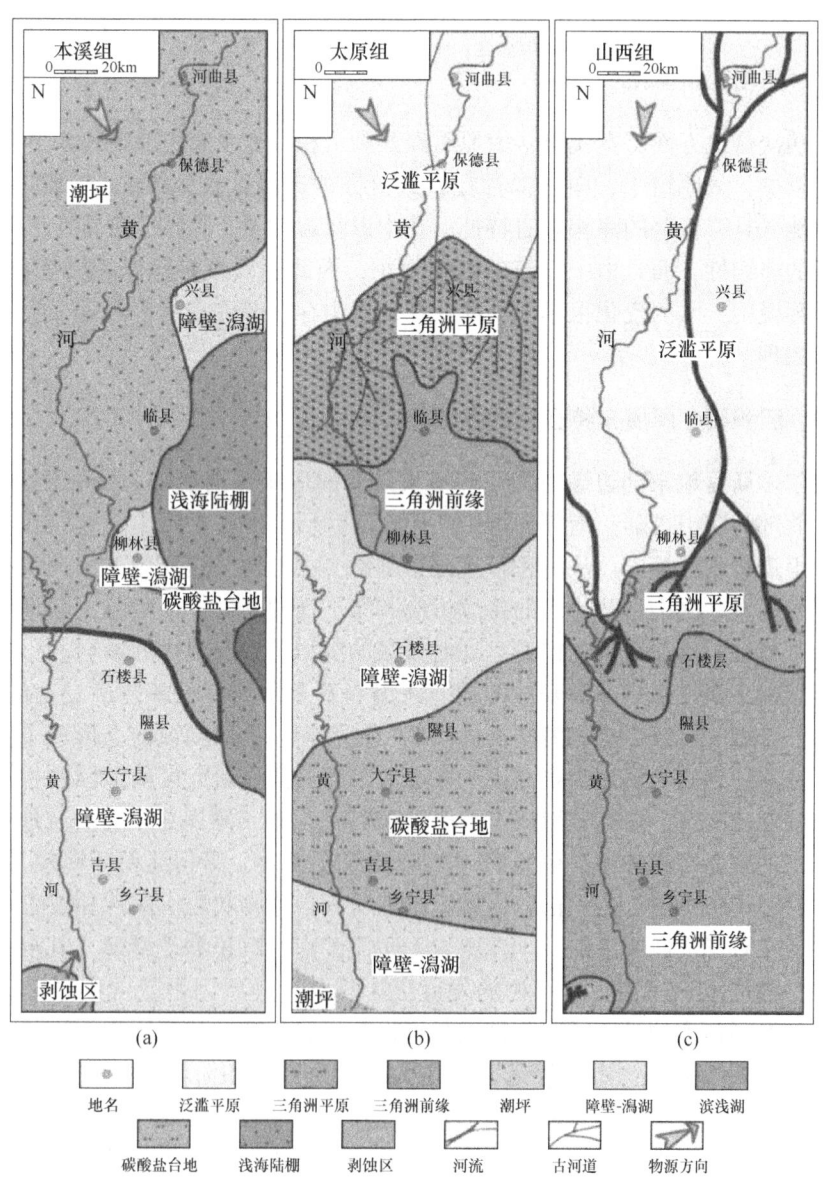

图 10-5　鄂尔多斯盆地东缘石炭系-二叠系本溪-山西组岩相古地理图

　　研究区潟湖沉积相主要发育于本溪组中（见图 10-5 （a）），为本溪期主要的沉积类型。其岩体横向层理多，交错层理罕见。颜色以灰黑色为主，岩性成分以泥岩、粉砂岩为主，其间夹杂着煤线。从整体岩相来看，本溪组属于淡水改造后的海洋沉积环境。

　　研究区中本溪组、太原组潮坪沉积发育最为突出，如图 10-5 所示。岩性组合上，下段以粉砂岩和灰色泥岩为主，随深度加深，以黑页岩为主，并伴有煤层。研究区的层理交错、波状层理发育良好，偶尔可见水平层理。冲刷结构是比较普遍的。

10.3.2　海相沉积体系

　　碳酸盐台地方面，本溪组、太原组碳酸盐沉积都有发育，其中本溪组隰县东缘发育较少、太原组中、南段都存在较大范围的碳酸盐台地沉积，如图 10-5 所示。该地区具有显著的海相成岩特征，其中以灰岩为主。在水平方向上，岩石具有良好的连续性，而且由于海流的影响很小，因此可以很好地保护古生物化石。在沉积环境中，水的变化很小，因此，在地层中存在着许多水平层理、夹杂着一些波状层理。

10.3.3　沉积相空间展布特征及演化规律

　　鄂尔多斯盆地东部边缘的沉积环境从最初的海相逐渐演变为陆相沉积环境。研究区北部为阴山古陆，南部为古中条山隆起。研究区古中条山隆起仅在本溪组和太原组进行物源补给。从沉积环境分布来看，中部地区是河流三角洲沉积环境最发达的区域，阴山古陆物源的持续供应和海平面的降低，使河流三角洲沉积环境向南部移动。华北海域的构造运动对该区的沉积环境有很大的影响。

　　本溪期，研究区中部为开放海域，在奥陶系三角洲沉积环境最发达的区域，阴山古陆物源的持续供应和海平面的降低，使奥陶系上部剥蚀面上形成了一系列的地层，这些地层的形成主要是因为东部海水的升高。研究区南部因古中条隆起的构造控制而变薄。研究区形成了一个障壁岛—礁湖—潮坪—碳酸盐台地—浅海陆棚叠加的滨海沉积体系。研究区中部海域深度较大，潟湖沉积环境较为复杂，其中岩性以黑色页岩为主，部分区域为碳酸盐石台地相灰岩。潮坪相发育较为有限，主要发育于太原组下部。本溪组发育阶段，南部沉积物较稀薄，其沉积环境为潟湖—潮坪沉积环境，潮坪相的发育更为广泛，其原因是受古中条隆起的控制。海侵范围最大的是太原组上部的甘草山灰岩沉积期，其原因是太原组研究区构造沉降、海水上升、海水侵入面积增大。太原组沉积阶段的沉积环境以障壁岛—潟湖—潮坪沉积为主，而南部的碳酸盐台地较北方的碳酸盐台地发育程度较高。南部太原组潮坪沉积以薄层状为主，并广泛沉积有碳酸盐台地。中部各种沉积重叠，部分区域偶有薄煤层，障壁岛沉积多为透镜状。

山西期是一个发育和发展时期，由于太原组后期中海西构造作用，使海平面持续下降，地面持续上升形成了由三角洲、潟湖、潮坪、碳酸盐台地组成的海陆过渡相。由于南面临海，南面的沉积环境以潟湖—潮坪沉积为主，障壁岛较少。而中部则以三角洲前缘相为主，它与北部物源紧邻，与山西组煤层重叠，煤层普遍分布于三角洲前缘浅滩。

由于西伯利亚板块在山西组中期的南移，大陆上升，海平面下降，迅速向南退去，使得研究区处于陆相凹陷的碎屑岩的形成与沉积期，以河流—海岸—湖泊—三角洲相沉积为主。三角洲平原相位主要分布于河流沉积层下部。南边的沉积环境主要是滨浅湖—三角洲前缘。在中部，三角洲和河流相是主要的沉积环境。

10.4 结论与认识

本章以鄂尔多斯盆地东缘柳林地区为主要研究区，包含周边一些地区，以石炭系—二叠系本溪组、山西组、太原组为主要研究层段，运用沉积学、岩石学、古生物学的理论和方法，对研究区地层发育特征、沉积相类型、沉积体系划分等方面进行了研究，得出了以下结论：

（1）本溪组含铁铝质风化壳、泥岩等并且夹有薄煤线。太原组砂岩总体以灰色为主，泥岩主要为黑色，碳酸盐岩为浅灰色，表现出较强的还原环境沉积特征。太原组岩石主要分为碎屑岩和碳酸盐岩两大类，多见交错层理，平行层理也有分布。

（2）山西组主要由石英砂岩与粉砂岩、泥岩或两者间互层组成，多见交错层理、块状层理、水平层理及平行层理。研究区太原组、山西组化石种类繁多，其中以植物化石为主，动物化石比较稀少，具有明显的沼泽和潟湖沉积环境特征。

（3）通过对沉积相标志的分析，可以将研究区划分为陆相、海陆过渡相及海相三种沉积相，进一步可识别出三角洲、障壁海岸以及碳酸盐台地等三种沉积体系及三角洲前缘、三角洲前缘、潮坪、障壁岛、潟湖、开阔台地等沉积亚相及众多微相。

参 考 文 献

[1] 何自新. 鄂尔多斯盆地演化与油气 [M]. 北京：石油工业出版社. 2003.

[2] 刘池洋. 沉积盆地动力学与盆地成藏（矿）系统 [J]. 地球科学与环境学报，2008，30
   （1）：1-23.

[3] 朱桦，赵振宏，李清，等. 鄂尔多斯盆地水文地质图（1∶1100000）[M]. 北京：地质出版
   社，2017.

[4] 杨伟利，王毅，王传刚，等. 鄂尔多斯盆地多种能源矿产分布特征与协同勘探 [J]. 地质
   学报，2010，84（4）：579-586.

[5] 邓军，王庆飞，高帮飞，等. 鄂尔多斯盆地演化与多种能源矿产分布 [J]. 现代地质，
   2005，19（4）：538-545.

[6] 刘池洋，赵红格，桂小军，等. 鄂尔多斯盆地演化-改造的时空坐标及其成藏（矿）响应
   [J]. 地质学报，2006，80（5）：617-638.

[7] 文华国，郑荣才，高红灿，等. 苏里格气田苏 6 井区下石盒子组盒 8 段沉积相特征 [J].
   沉积学报，2007，25（1）：90-98.

[8] 朱筱敏，孙超，刘成林，等. 鄂尔多斯盆地苏里格气田储层成岩作用与模拟 [J]. 中国地
   质，2007，34（2）：276-282.

[9] 侯洪斌，牟泽辉，朱宏权，等. 鄂尔多斯盆地北部上古生界天然气成藏条件与勘探方向
   [J]. 北京：石油工业出版社，2004，9-27.

[10] 郝蜀民，李良，尤欢增. 大牛地气田石炭-二叠系海陆过渡沉积体系与近源成藏模式
   [J]. 中国地质，2007，34（4）：606-611.

[11] 李洁. 鄂尔多斯盆地西北部下石盒子组沉积体系及层序-岩相古地理研究 [J]. 成都：成
   都理工大学，2008.

[12] 张渝昌，张荷，孙肇才，等. 中国含油气盆地原型分析 [M]. 南京：南京大学出版
   社，1997.

[13] 陈洪德，侯中健，田景春，等. 鄂尔多斯地区晚古生代沉积层序地层学与盆地构造演化
   研究 [J]. 矿物岩石，2001，（3）：16-22.

[14] 王涛，侯明才，陈洪德，等. 海西构造旋回阴山幕式造山与鄂尔多斯盆地北部旋回充填
   的耦合关系 [J]. 成都理工大学学报（自然科学版），2014，41（3）：310-317.

[15] 密文天，陈安清，张成弓，等. 鄂尔多斯盆地富县上三叠统长 8 段砂体分布及成因模式
   [J]. 科学技术与工程，2016，16（29）：13-19.

[16] 郭英海，刘焕杰，权彪，等. 鄂尔多斯地区晚古生代沉积体系及古地理演化 [J]. 沉积学
   报，1998，（3）：44-51.

[17] 魏红红，彭惠群，李静群，等. 鄂尔多斯盆地中部石炭—二叠系沉积相带与砂体展布
   [J]. 沉积学报，1999，17（3）：403-408.

[18] 何义中，陈洪德，张锦泉. 鄂尔多斯盆地中部石炭—二叠系两类三角洲沉积机理探讨
   [J]. 石油与天然气地质，2001，22（1）：68-71.

[19] 陈安清. 鄂尔多斯盆地北东部下石盒子组层序地层与储集砂体特征 [D]. 成都：成都理
   工大学，2007.

［20］李洁，陈洪德，侯中健，等．鄂尔多斯盆地东北部下石盒子组盒8段辫状河三角洲沉积特征［J］.沉积与特提斯地质，2008，28（1）：27-32.

［21］Boggs S，Kwon Y，Goles G G，et al．Is quartz cathodoluminescencecolor are liableprovenance tool？［J］．Journal of Sedimentary Research，2002，72（3）：408-415.

［22］Gotte T，RicherDK．Cathodoluminescencecharacterizationof quartz particles in mature arenites［J］．Sedimentology，2006，53（6）：1347-1359.

［23］贺敬聪，朱筱敏，李明瑞，等．鄂尔多斯盆地陇东地区二叠系山西组-石盒子组母岩类型和构造背景［J］.古地理学报，2017，19（2）：285-298.

［24］Zinkernagel U．Cathodoluminescence of quartz and its application to sandstone petrology［J］．Contributions to Sedimentology，1978，8：1-69.

［25］邓宏文．美国层序地层研究中的新学派-高分辨率层序地层学［J］.石油与天然气地质，1995，16（2）：89-97.

［26］郑荣才，尹世民，彭军．基准面旋回结构和叠加样式的沉积动力学分析［J］.沉积学报，2000，18（3）：369-375.

［27］陈安清，陈洪德，林良彪，等．鄂尔多斯盆地东北部石盒子组层序充填样式及过程分析［J］.中国地质，2009，36（5）：1046-1056.

［28］吴怀春，张世红，冯庆来，等．旋回地层学理论基础、研究进展和展望［J］.地球科学（中国地质大学学报），2011，36（3）：409-428.

［29］陈安清，陈洪德，向芳，等．鄂尔多斯盆地东北部山西组-上石盒子组三角洲沉积及演化［J］.地层学杂志，2010，34（1）：97-105.

［30］Dalman R，Weltje G J，Karamitopoulos P，et al．High-resolutionsequence stratigraphy of fluvio-deltaic systems：Prospects of system-wide chronostratigraphic correlation［J］．Earth and Planetary Science Letters，2015，412：10-17.

［31］张晓峰，侯明才，陈安清．鄂尔多斯盆地东北部下石盒子组致密砂岩储层特征及主控因素［J］.天然气工业，2010，30（11）：34-38.

［32］杨华，刘显阳，张才利，等．鄂尔多斯盆地三叠系延长组低渗透岩性油藏主控因素及其分布规律［J］.岩性油气藏，2007，19（3）：1-6.

［33］陈全红，李文厚，郭艳琴，等．鄂尔多斯盆地南部延长组浊积岩体系及油气勘探意义［J］.地质学报，2006，80（5）：656-662.

［34］付金华，郭正权，邓秀芹，等．鄂尔多斯盆地西南地区上三叠统延长组沉积相及石油地质意义［J］.古地理学报，2005，7（1）：34-44.

［35］李文厚，邵磊，魏红红，等．西北地区湖相浊流沉积［J］.西北大学学报（自然科学版），2001，31（1）：57-62.

［36］陈洪德，倪新锋．陇东地区三叠系延长组沉积层序及充填响应特征［J］.石油与天然气地质，2006，27（2）：143-151.

［37］王居峰，郭彦如，张延玲，等．鄂尔多斯盆地三叠系延长组层序地层格架与沉积相构成［J］.现代地质，2009，23（5）：803-808.

［38］陈安清，陈洪德，徐胜林，等．鄂尔多斯盆地北部晚古生代物源体系及聚砂规律［J］.中

国石油大学学报（自然科学版），2011，35（6）：1-7.

［39］CROSS A T，LESSENGER M A. Sediment Volume Partitioning：Rationale for St ratigraphic Model Evaluation and High-Resolution St ratigraphic Correlation ［J］. Accepted for publication in Norwegian Petroleums Forening Conference Volume，1996，1-24.

［40］郑荣才，彭军，吴朝容. 陆相盆地基准面旋回的级次划分和研究意义［J］. 沉积学报，2001，19（2）：249-255.

［41］Kuiper K F, Deino A, Hilgen F J, et al. Syn-chronizing rock clocks of Earth history ［J］. Science，2008，320：500-504.

［42］Hinnov L A, Ogg J G. Cyclostratigraphy and the astronomical time scale ［J］. Stratigraphy，2007，4：239-251.

［43］李增学，余继峰，李江涛，等. 鄂尔多斯盆地多种能源共存富集的组合形式及上古生界沉积控制机制分析［J］. 地球学报，2007，28（1）：32-38.

［44］Liu C Y, Zhao H G, Sun Y Z. Tectonic Background of Ordos Basin and Its Controlling Role for Basin Evolution and Energy Mineral Deposits ［J］. Energy Exploration and Exploitation，2009，27（1）：15-27.

［45］邢秀娟，柳益群，李卫宏，等. 鄂尔多斯盆地南部店头地区直罗组砂岩成岩演化与铀成矿［J］. 地球学报，2008，29（2）：179-188.

［46］刘联群，刘建平，李勇，等. 鄂尔多斯盆地彭阳地区侏罗系延安组油气成藏主控因素分析［J］. 地球科学与环境学报，2010，32（3）：263-267.

［47］于雷，陈建文，金文辉，等. 鄂尔多斯盆地彭阳油田侏罗系油气富集规律研究［J］. 岩性油气藏，2013，25（4）：33-37.

［48］邓军，王庆飞，高帮飞，等. 鄂尔多斯盆地多种能源矿产分布及其构造背景［J］. 地球科学，2006，31（3）：330-336.

［49］杨龙. 鄂尔多斯盆地北部杭锦地区直罗组下段沉积相特征分析［J］. 西部资源，2016，（4）：75-76，79.

［50］张字龙，韩效忠，李胜祥，等. 鄂尔多斯盆地东北部中侏罗统直罗组下段沉积相及其对铀成矿的控制作用［J］. 古地理学报，2010，12（6）：749-758.

［51］易超，高贺伟，李西得，等. 鄂尔多斯盆地东北部直罗组砂岩型铀矿床常量元素指示意义探讨［J］. 矿床地质，2015，34（4）：801-813.

［52］缪宗利，朱莉娟，侯明才，等. 鄂尔多斯盆地演武地区中侏罗统直罗组沉积相［J］. 成都理工大学学报（自然科学版），2018，45（2）：166-176.

［53］赵俊峰，刘池洋，赵建设，等. 鄂尔多斯盆地侏罗系直罗组沉积相及其演化［J］. 西北大学学报（自然科学版），2008，38（3）：480-486.

［54］赵俊峰，刘池洋，喻林，等. 鄂尔多斯盆地侏罗系直罗组砂岩发育特征［J］. 沉积学报，2007，25（4）：535-544.

［55］缪宗利. 鄂尔多斯盆地演武地区中侏罗统直罗组沉积微相研究［D］. 成都：成都理工大学，2018.

［56］姚磊. 鄂尔多斯盆地镇北-演武地区长 3 油层组沉积相研究［D］. 成都：成都理工大

学，2016.

[57] 陈骥，姜在兴，刘超，等．"源-汇"体系主导下的障壁滨岸沉积体系发育模式：以青海湖倒淌河流域为例［J］．岩性油气藏，2018，30（3）：71-79.

[58] Wu Y B，Zheng Y F. Tectonic Evolution of a Composite Collision Orogen：An Overview on the Qinling-Tongbai-Hong*an-Dabie-Sulu Orogenic Belt in Central［J］．China. Gondwana Research，2013，23（4）：1402-1428.

[59] Hou M C，Chen A Q, Ogg J G，et al. China Paleo-geography：Current Status and Future Challenges［J］．Earth-science Reviews，2019，189：177-193.

[60] 赵俊兴，陈洪德，时志强．等．古地貌恢复技术方法及其研究意义：以鄂尔多斯盆地侏罗纪沉积前古地貌研究为例［J］．成都理工学院学报，2001，28（3）：260-266.

[61] 丁晓琪，张哨楠，刘岩．鄂尔多斯盆地南部镇泾油田前侏罗纪古地貌与油层分布规律［J］．地球科学与环境学报，2008，30（4）：385-388.

[62] 孙立新，张云，张天福，等．鄂尔多斯北部侏罗纪延安组、直罗组孢粉化石及其古气候意义［J］．地学前缘，2017，24（1）：32-51.

[63] 王国壮，梁承春，聂小创，等．镇泾地区侏罗纪古地貌与延安组成藏关系［J］．特种油气藏，2016，23（4）：46-50.

[64] 卜广平，陈朝兵，成健，等．胡尖山地区前侏罗纪古地貌及成藏条件分析［J］．断块油气田，2019，26（1）：1-6.

[65] 曹代勇，刘亢，刘金城，等．鄂尔多斯盆地西缘煤系非常规气共生组合特征［J］．煤炭学报，2016，41（2）：277-285.

[66] 姚海鹏．鄂尔多斯盆地北部晚古生代煤系非常规天然气耦合成藏机理研究［D］．北京：中国矿业大学，2017.

[67] 马海军．鄂尔多斯盆地东北部石炭二叠纪煤系气成藏特征分析［J］．内蒙古石油化工，2018，44（11）：70-72.

[68] 姚海鹏，朱炎铭，刘宇，等．鄂尔多斯盆地伊陕斜坡北部煤系非常规天然气成藏特征［J］．科学技术与工程，2018，18（03）：160-167.

[69] 崔艳．我国煤系共伴生矿产资源分布与开发现状［J］．洁净煤技术，2018，24（S1）：27-32.

[70] Ludwig R. Geologische Bilder ausI talien［J］．Bull Soc Imprim Nat Mosc，1874，48：42-131.

[71] Meunier S. Composition et origine du sable diamantifère de Du Toit's Pan（Afrique australe）［J］．Comptes Rendus Hebdomadaires des Séances de L´Académie des Sciences，1877，84：250-252.

[72] Michel L A. Note sur quelques minéraux contenus dans les sables du Mesvrin, Près Autun［J］．Bull. Soc. Mineral，1878，1：39-41.

[73] Thürach H. über das vorkommen mikroskopisccher zirkone und titanmineralien in den gesteinen［J］．Verh Phys Med GesWurzbrg，1884，18：203-284.

[74] Pettijohn F. J. 沉积岩［M］．北京：石油工业出版社，1981.

[75] Potter P E, Pettijohn F J. Pleocurrents and Basin Analysis ‖ Dispersal and Current Systems

［M］. Berlin: Springer-Verlag, 1977.

［76］ Blatt H, Midddleton G V, Murray R C. Origin of sedimentary rocks ［M］. Eaglewood Cliffs: Prentice-Hall, 1972.

［77］ Crook K A W. Lithogenesis and geotectonics: the signifieanee of compositionalvariation in flysch arenites（graywackes）［J］. In: Dott R H, Shaver R H（Eds.）. Modern and ancient geosynclinal sedimentation, SEPM Spec. Publ, 1974, 304-310.

［78］ Dickinson W R, Suczek C. Plate tectonics and sandstone compositions ［J］. AAPG Bull, 1979, 63: 2164-2182.

［79］ Dickinson W R. Compositions of Sandstones in Circum-Pacific Subduction Complexes and Fore-Arc Basins ［J］. Aapg Bulletin, 1982, 66（2）: 121-137.

［80］ Dickinson W R. Interpreting provenance relation from detrital modes of sandstones ［M］. Springer: Provenance of arenites, 1985.

［81］ Dickinson W R. Provenance and Sediment Dispersal in Relation to Paleotectonics and Paleogeography of Sedimentary Basins: New Perspectives in Basin Analysis ［C］. New York: Springer-Verlag, 1988.

［82］ Bhatia M R, Taylor S. Trace-element geochemistry and sedimentary provinces: A study from the Tasman Geosyncline, Australia ［J］. Chemical geology, 1981, 33（1）: 115-125.

［83］ Bhatia M R. Plate Tectonics and Geochemical Composition of Sandstones ［J］. Journal of Geology, 1983, 91: 611-627.

［84］ Bhatia M R. Plate Tectonics and Geochemical Composition of Sandstones: A Reply ［J］. The Journal of Geology, 1985, 93（1）: 85-87.

［85］ Bhatia M R, Crook K A W. Trace element characteristics of graywackes and tectonic setting discrimination of sedimentary basins ［J］. Contributions to Mineralogy and Petrology, 1986, 92: 181-193.

［86］ 王成善, 李祥辉. 沉积盆地分析原理与方法 ［M］. 北京: 高等教育出版社, 2003.

［87］ Basu A R, Sharma M, Decelles P G. Nd, Sr-isotopic provenance and trace element geochemistry of Amazonian Foreland Basin Fluvial Sands, Bolivia and Peru: implications for Ensialic Andean Orogeny ［J］. Earth & Planetary Science Letters, 1990, 100（1）: 1-17.

［88］ Ball T T, Farmer G L. Infilling history of a Neoproterozoic intracratonic basin: Nd isotope provenance studies of the Uinta Mountain Group, Western United States ［J］. 1998, 87（1）: 1-18.

［89］ Rodrigues B. Provenance of the Upper Triassic Silves Sandstones of the Algarve Basin（Portugal）based on U-Pb detrital zircon and apatite data ［J］. personal relationships, 2001, 8（2）: 115-136.

［90］ Rittner M, Vermeesch P, Carter A, et al. Multi-Proxy provenance analysis of the Tarimbasin, NW China ［J］. Aquatic Botany, 2002, 72（2）: 183-189.

［91］ Lin B, Tang J X, Chen Y C, et al. Geochronology and Genesis of the Tiegelongnan Porphyry Cu（Au）Deposit in Tibet: Evidence from U-Pb, Re-Os Dating and Hf, S, and H-O Isotopes:

Tiegelongnan Cu(Au) deposit in Tibet [J]. Resource Geology, 2017, 67 (1): 1-21.

[92] Mohammadi A, Burg J P, Guillong M, et al. Arc magmatism witnessed by detrital zircon U-Pb geochronology, Hf isotopes and provenance analysis of Late Cretaceous-Miocene sandstones of onshore western Makran (SE Iran) [J]. 2017, 317 (8): 940-963.

[93] Wilson A H, Zeh A. U-Pb and Hf isotopes of detrital zircons from the Pongola Supergroup: Constraints on deposition ages, provenance and Archean evolution of the Kaapvaal craton [J]. 2018, 305: 177-196.

[94] Popeko L I, Smirnova Y N, Zaika V A, et al. Provenance and Tectonic Implications of Sedimentary Rocks of the Paleozoic Chiron Basin, Eastern Transbaikalia, Russia, Based on Whole-Rock Geochemistry and Detrital Zircon U-Pb Age and Hf Isotopic Data [J]. Minerals, 2020, 10 (3).

[95] 张国栋, 朱静昌, 黄惠玉. 苏北下第三系阜宁群碎屑岩类的基本特征和物源问题探讨 [J]. 同济大学学报, 1982, (1): 65-77.

[96] 苟汉成. 滇黔桂地区中、上三叠统浊积岩形成的构造背景及物源区的初步探讨 [J]. 沉积学报, 1985, (4): 95-107.

[97] 刘宝珺, 等. 岩相古地理基础和工作方法 [M]. 北京: 地质出版社, 1985.

[98] 秦建华, 吴应林. 黔南桂西中三叠统浊积扇、物源及板块构造 [J]. 岩相古地理, 1989, (3): 1-17.

[99] 朱玉磷, 邱盛安. 福建西部早古生代杂砂岩特征及其源区和构造背景 [J]. 地质论评, 1989, (6): 501-511.

[100] 牟传龙, 吴应林, 谭钦银. 南盘江盆地中三叠统浊积岩及其物源和大地构造背景 [J]. 成都地质学院学报, 1990, (4): 90-96.

[101] 李彦芳, 李国惠, 窦惠, 等. 陆源碎屑湖盆物源恢复的统计分析方法及其应用 [J]. 大庆石油学院学报, 1992, (2): 115-120.

[102] 饶明辉, 赵永祥. 利用稀土元素特征判断闽北前寒武系变质岩原岩形成的构造环境和物源 [J]. 华东地质学院学报, 1993, (4): 343-352.

[103] 陈建文, 孙树森. 松辽盆地侏罗系碎屑岩物源区母岩性质分析 [J]. 青岛海洋大学学报, 1994, (3): 405-412.

[104] 郭建华, 刘生国, 翟永红. 塔中地区石炭系碎屑岩岩石学特征与物源分析 [J]. 江汉石油学院学报, 1995, (3): 1-7.

[105] 何政伟, 王成善, 刘志飞, 等. 西藏日喀则地区恰布林组物源分析 [J]. 成都理工学院学报, 1996, (3): 85-89.

[106] 欧阳建平, 张本仁. 秦岭造山带沉积物源地球化学研究及其构造意义 [J]. 地球科学, 1996, (5): 10-14.

[107] 邵磊, 李文厚, 袁明生. 吐鲁番-哈密盆地陆源碎屑沉积环境及物源分析 [J]. 沉积学报, 1999, (3): 435-441.

[108] 谢智, 陈江峰, 周泰禧, 等. 大别造山带变质岩和花岗岩的钕同位素组成及其地质意义 [J]. 岩石学报, 1996, (3): 401-408.

[109] 胡恭任, 章邦桐. 赣中变质基底的 Nd 同位素组成和物质来源 [J]. 岩石矿物学杂志, 1998, (1): 36-41.

[110] 朱茂旭, 骆庭川, 张宏飞. 南秦岭东江口岩体群 Pb、Sr 和 Nd 同位素地球化学特征及其对物源的制约 [J]. 地质地球化学, 1998, (1): 30-36.

[111] 李祥辉, 曾庆高, 王成善, 等. 西藏南部上三叠统郎杰学群物源分析 [J]. 沉积学报, 2004, (4): 553-559.

[112] 陈志华, 李朝新, 孟宪伟, 等. 北冰洋西部沉积物黏土的 Sm-Nd 同位素特征及物源指示意义 [J]. 海洋学报, (中文版), 2011, 33, (2): 96-102.

[113] 李任伟, 桑海清, 张任祜, 等. 合肥盆地侏罗系沉积岩中高压-超高压变质岩物源年代学 [J]. 科学通报, 2003, (5): 480-485.

[114] 杨守业, 韦刚健, 夏小平, 等. 长江口晚新生代沉积物的物源研究: REE 和 Nd 同位素制约 [J]. 第四纪研究, 2007, (3): 339-346.

[115] 张霄宇, 张富元, 章伟艳. 南海东部海域表层沉积物锶同位素物源示踪研究 [J]. 海洋学报, 2003, (4): 43-49.

[116] 张招崇, 王福生. 峨眉山玄武岩 Sr、Nd、Pb 同位素特征及其物源探讨 [J]. 地球科学, 2003, (4): 431-439.

[117] 祝禧艳, 陈福坤, 杨力, 等. 豫西地区秦岭造山带武当群 Nd-Hf 同位素组成及其物源特征 [J]. 岩石学报, 2009, 25, (11): 3017-3028.

[118] Liang C, Liu Y, Hu Z, et al. Provenance study from petrography and geochronology of Middle Jurassic Haifanggou Formation in Xingcheng Basin, western Liaoning Province [J]. Geological Journal, 2020, 55 (4).

[119] Guo P, Liu C, Wang J, et al. Detrital zircon geochronology of the Jurassic strata in the western Ordos Basin, North China: Constraints on the provenance and its tectonic implication [J]. Geological Journal, 2018, 9 (6): 136-154.

[120] 林孝先. 陆源碎屑岩盆地综合物源分析 [D]. 成都: 成都理工大学, 2011.

[121] 徐建强, 李忠, 石永红. 鲁西隆起侏罗系碎屑主物源来自华北北缘: 锆石 U-Pb 和 Hf 同位素年代学证据 [J]. 地质科学, 2012, 47 (4): 1099-1115.

[122] 何梦颖, 郑洪波, 贾军涛. 长江现代沉积物碎屑锆石 U-Pb 年龄及 Hf 同位素组成与物源示踪研究 [J]. 第四纪研究, 2013, 33 (4): 656-670.

[123] 黄圭成, 夏金龙, 丁丽雪, 等. 鄂东南地区铜绿山岩体的侵入期次和物源: 锆石 U-Pb 年龄和 Hf 同位素证据 [J]. 中国地质, 2013, 40 (05): 1392-1408.

[124] 李俊辉. 大别造山带宿松群锆石 U-Pb 年龄和 Nd 同位素组成: 物源和地壳演化 [D]. 合肥: 中国科学技术大学, 2015.

[125] 李俊辉, 于洋, 韦龙猛, 等. 大别山造山带宿松岩群锆石 U-Pb 年龄和 Nd 同位素特征: 宿松地体物源和属性 [J]. 地球科学与环境学报, 2016, 38 (1): 21-33.

[126] 乔健, 栾金鹏, 许文良, 等. 佳木斯地块北部早古生代沉积建造的时代与物源: 来自岩浆和碎屑锆石 U-Pb 年龄及 Hf 同位素的制约 [J]. 吉林大学学报 (地球科学版), 2018, 48 (1): 118-131.

[127] 周安朝. 华北地块北缘晚古生代盆地演化及盆山耦合关系 [D]. 西安：西北大学, 2000.

[128] 周安朝, 贾炳文. 内蒙古大青山煤田晚古生代沉积砾岩的物源分析 [J]. 太原理工大学学报, 2000a, (5)：498-504.

[129] 周安朝, 赵省民, 贾炳文. 内蒙古大青山煤田晚古生代砾岩的沉积特征 [J]. 沉积学报, 2000b, (2)：253-258.

[130] 陈洪德, 李洁, 张成弓, 等. 鄂尔多斯盆地山西组沉积环境讨论及其地质启示 [J]. 岩石学报, 2011, 27 (8)：2213-2229.

[131] 侯中健, 陈洪德, 田景春, 等. 鄂尔多斯地区晚古生代陆相沉积层序地层学研究 [J]. 矿物岩石, 2001, (3)：114-123.

[132] 汪正江, 张锦泉, 陈洪德. 鄂尔多斯盆地晚古生代陆源碎屑沉积源区分析 [J]. 成都理工学院学报, 2001, (1)：7-12.

[133] 汪正江, 陈洪德, 张锦泉. 鄂尔多斯盆地晚古生代沉积体系演化与煤成气藏 [J]. 沉积与特提斯地质, 2002, (2)：18-23.

[134] 魏红红. 鄂尔多斯地区石炭-二叠系沉积体系及层序地层学研究 [D]. 西安：西北大学, 2002.

[135] 窦伟坦, 侯明才, 董桂玉. 鄂尔多斯盆地北部山西组-下石盒子组物源分析 [J]. 天然气工业, 2009, 29 (3)：25-28.

[136] 王国茹. 鄂尔多斯盆地北部上古生界物源及层序岩相古地理研究 [D]. 成都：成都理工大学, 2011.

[137] 陈全红, 李文厚, 刘昊伟, 等. 鄂尔多斯盆地上石炭统-中二叠统砂岩物源分析 [J]. 古地理学报, 2009, 11 (6)：629-640.

[138] 陈全红, 李文厚, 胡孝林, 等. 鄂尔多斯盆地晚古生代沉积岩源区构造背景及物源分析 [J]. 地质学报, 2012, 86 (7)：1150-1162.

[139] 李雅楠, 刘祥宇, 叶蕾, 等. 鄂尔多斯盆地西缘太原组沉积古地理及聚煤作用 [J]. 内蒙古石油化工, 2015, 41 (Z1)：4-5.

[140] 郭军, 陈洪德, 王峰, 等. 鄂尔多斯盆地太原组砂体展布主控因素 [J]. 断块油气田, 2012, 19 (5)：568-571.

[141] 郭军, 陈洪德, 苏中堂. 鄂尔多斯盆地中央古隆起对太原组砂体发育的控制作用 [J]. 天然气勘探与开发, 2014, 37 (2)：5-8.

[142] 王玉新. 鄂尔多斯地块早古生代构造格局及演化 [J]. 地球科学, 1994, (6)：778-786.

[143] 冯增昭, 鲍志东, 康祺发, 等. 鄂尔多斯奥陶纪古构造 [J]. 古地理学报, 1999, (3)：83-94.

[144] 李文厚, 屈红军, 魏红红, 等. 内蒙古苏里格庙地区晚古生代层序地层学研究 [J]. 地层学杂志, 2003, (1)：41-44.

[145] 邓军, 王庆飞, 黄定华, 等. 鄂尔多斯盆地基底演化及其对盖层控制作用 [J]. 地学前缘, 2005, (3)：91-99.

[146] 解国爱, 张庆龙, 潘明宝, 等. 鄂尔多斯盆地两种不同成因古隆起的特征及其在油气勘

探中的意义 [J]. 地质通报, 2005, (4): 373-377.

[147] 乔建新, 邓辉, 刘池洋, 等. 鄂尔多斯盆地北部晚古生代沉积-构造格局及物源分析 [J]. 西安石油大学学报 (自然科学版), 2013, 28 (1): 12-17.

[148] 刘正宏, 徐仲元, 杨振升, 等. 鄂尔多斯北缘石合拉沟逆冲推覆构造的发现及意义 [J]. 地质调查与研究, 2004, (1): 24-27.

[149] 郑德德. 鄂尔多斯盆地 Y 地区高密度地震资料成像技术应用研究 [D]. 西安: 西安石油大学, 2019.

[150] 贾炳文, 武永强. 内蒙古大青山晚古生代煤系中火山事件层的物质来源及地层意义 [J]. 华北地质矿产杂志, 1995, (2): 203-213.

[151] 钟蓉, 孙善平, 陈芬, 等. 大青山、大同煤田太原组流纹质沉凝灰岩的发现及地层对比 [J]. 地球学报, 1995, (03): 291-301.

[152] 张泓. 华北地台北缘拴马桩煤系 [J]. 地层学杂志, 1997, (1): 22-33.

[153] 周安朝, 贾炳文, 马美玲, 等. 华北板块北缘晚古生代火山事件沉积的全序列及其主要特征 [J]. 地质论评, 2001, (02): 175-183.

[154] 陈安清, 陈洪德, 徐胜林, 等. 鄂尔多斯盆地北部晚古生代沉积充填与兴蒙造山带 "软碰撞" 的耦合 [J]. 吉林大学学报 (地球科学版), 2011, 41 (04): 953-965.

[155] 高振家, 陈克强, 魏家庸. 中国岩石地层词典 [M]. 武汉: 中国地质大学出版社, 2000.

[156] 金香福. 关于拴马桩群的讨论 [J]. 地层学杂志, 1981, (01): 16-19.

[157] 王岚. 鄂尔多斯西缘地区二叠系太原组、山西组沉积体系研究 [D]. 西安: 西北大学, 2005.

[158] Jackson S E, Pearson N J, Griffin W L, et al. The application of laser ablation-inductively coupled plasma-mass spectrometry to in situ U-Pb zircon geochronology [J]. 2004, 211: 47-69.

[159] Sláma J, Košler J, Condon D J, et al. Plešovice zircon -A new natural reference material for U-Pb and Hf isotopic microanalysis [J]. Chemical Geology, 2008, 249, (1-2): 1-35.

[160] Zhang L, Zhu D, Wang Q, et al. Late Cretaceous volcanic rocks in the Sangri area, southern Lhasa Terrane, Tibet: Evidence for oceanic ridge subduction [J]. Lithos, 2019, 326-327: 144-157.

[161] Liu Y, Hu Z, Gao S, et al. In situ analysis of major and trace elements of anhydrous minerals by LA-ICP-MS without applying an internal standard [J]. 2008, 257: 34-43.

[162] Liu Y, Gao S, Hu Z, et al. Continental and Oceanic Crust Recycling-induced Melt-Peridotite Interactions in the Trans-North China Orogen: U-Pb Dating, Hf Isotopes and Trace Elements in Zircons from Mantle Xenoliths [J]. 2010a, 51 (1-2): 537-571.

[163] Liu Y, Hu Z, Zong K, et al. Reappraisement and refinement of zircon U-Pb isotope and trace element analyses by LA-ICP-MS [J]. Chinese Science Bulletin, 2010b, 55 (15): 1535-1546.

[164] Hu Z, Liu Y, Gao S, et al. Improved in situ Hf isotope ratio analysis of zircon using newly

designed X skimmer cone and jet sample cone in combination with the addition of nitrogen by laser ablation multiple collector ICP-MS [J]. JASS, 27: 1391-1399.

[165] Andersen T. Correction of common lead in U-Pb analyses that do not report [204]Pb [J]. Chemical Geology, 2002, 192: 59-79.

[166] Ludwig K R. User's Manual for Isoplot/Ex, Version 3.00, A Geochronological Toolkit for Microsoft Excel [M]. Berkeley: Berkeley Geochronology Center Special Publication, 2003.

[167] Hinton R W, Upton B G J. The chemistry of zircon: variations within and between large crystals from syenite and alkali basalt xenoliths [J]. Geochimica Et Cosmochimica Acta, 1991, 55 (11): 3287-3302.

[168] Belousova E A, Griffin W L, Pearson N J. Trace element composition and catholuminescence properties of Southern African kimberlitic zircons [J]. Mineralogical Magazine, 1998, 62 (3): 355-366.

[169] Belousova E A, Griffin W L, Reilly S Y. Igneous zircon: trace element composition as an indicator of source rock type [J]. Contributions to Mineralogy and Petrology, 2020, 143 (5): 602-622.

[170] Hoskin P W O. The composition of zircon and igneous and metamorphic petrogenesis [J]. Rev. miner. geochem, 2003, 53 (1): 27-62.

[171] Whitehouse M J, Platt J P. Dating high-grade metamorphism-constraints from rare-earth elements in zircon and garnet [J]. Contributions to Mineralogy and Petrology, 2003, 145 (1): 61-74.

[172] Paton C, Hellstrom J, Paul B, et al. Iolite: Freeware for the visualisation and processing of mass spectrometric data [J]. Journal of Analytical Atomic Spectrometry, 2011, 26: 2508-2518.

[173] Blichert-Toft J. The Hf isotope composition of zircon reference material 91500 [J]. Chemical Geology, 2008, 253: 252-257.

[174] 徐备, 王志伟, 张立杨, 等. 兴蒙陆内造山带 [J]. 岩石学报, 2018, 34 (10): 2819-2844.

[175] 吴素娟. 阿拉善地块东北缘变质变形研究及其大地构造意义 [D]. 北京: 中国地质科学院, 2014.

[176] 徐仲元, 刘正宏, 杨振升, 等. 内蒙古中部大青山-乌拉山地区孔兹岩系的变质地层结构及动力学意义 [J]. 地质通报, 2007, (5): 526-536.

[177] Liu P H, Liu F L, Liu C H, et al. Multiple mafic magmatic and high-grade metamorphic events revealed by zircons from meta-mafic rocks in the Daqingshan-Wulashan Complex of the Khondalite Belt, North China Craton [J]. Precambrian Research, 2014, 246: 334-357.

[178] Santosh M, Wilde S A, Li J H. Timing of Paleoproterozoic ultrahigh-temperature metamorphism in the North China Craton: Evidence from SHRIMP U-Pb zircon geochronology [J]. 2007, 159 (3-4): 196.

[179] Wan Y S, Liu D Y, Dong C Y, et al. The Precambrian Khondalite Belt in the Daqingshan

area, North China Craton: evidence for multiple metamorphic events in the Palaeoproterozoic [J]. 2009, 323 (1): 73-97.

[180] 陈佩嘉. 内蒙古乌拉山地区富铝片麻岩的变质演化与年代学研究 [D]. 南昌: 东华理工大学, 2018.

[181] 董晓杰. 内蒙古西乌兰不浪地区高级变质岩的变质作用特征、时代及其构造意义 [D]. 吉林: 吉林大学, 2009.

[182] 耿元生, 沈其韩, 任留东. 华北克拉通晚太古代末-古元古代初的岩浆事件及构造热体制 [J]. 岩石学报, 2010, 26 (7): 1945-1966.

[183] 李剑波, 王新亮, 侯丽玉, 等. 内蒙古乌拉特中旗新太古代变质侵入岩的地球化学特征及构造意义 [J]. 地质论评, 2018, 64 (5): 1167-1179.

[184] 蔡佳. 内蒙孔兹岩带乌拉山-大青山地区变质杂岩的变质演化和年代学研究 [D]. 北京: 中国地质科学院, 2014.

[185] 董晓杰, 徐仲元, 刘正宏, 等. 内蒙古中部西乌兰不浪地区太古宙高级变质岩锆石 U-Pb 年代学研究 [J]. 中国科学: 地球科学, 2012, 42 (7): 1001-1010.

[186] 马旭东, 范宏瑞, 郭敬辉. 阴山地块晚太古代岩浆作用、变质作用对地壳演化及 BIF 成因的启示 [J]. 岩石学报, 2013, 29 (7): 2329-2339.

[187] 沈其韩, 耿元生, 王新社, 等. 阿拉善地区前寒武纪斜长角闪岩的岩石学、地球化学、形成环境和年代学 [J]. 岩石矿物学杂志, 2005, (1): 21-31.

[188] 耿元生, 王新社, 沈其韩, 等. 内蒙古阿拉善地区前寒武纪变质岩系形成时代的初步研究 [J]. 中国地质, 2007, (2): 251-261.

[189] 耿元生, 王新社, 沈其韩, 等. 内蒙古阿拉善地区前寒武纪变质基底阿拉善群的再厘定 [J]. 中国地质, 2006, (1): 138-145.

[190] 宫江华, 张建新, 于胜尧, 等. 西阿拉善地块~2.5Ga TTG 岩石及地质意义 [J]. 科学通报, 2012, 57 (Z2): 2715-2730.

[191] 宫江华. 西阿拉善地块早前寒武纪变质基底组成、性质、年代格架及归属 [D]. 北京: 中国地质科学院, 2013.

[192] 葛肖虹, 刘俊来. 北祁连造山带的形成与背景 [J]. 地学前缘, 1999, (4): 223-230.

[193] 冯益民, 曹宣铎, 张二朋, 等. 西秦岭造山带的演化、构造格局和性质 [J]. 西北地质, 2003, (1): 1-10.

[194] 邹雷, 刘平华, 田忠华, 等. 东阿拉善地块前寒武纪变质基底中晚古生代变质杂岩: 来自波罗斯坦庙杂岩 LA-ICP-MS 锆石 U-Pb 定年的新证据 [J]. 地球科学, 2019, 44 (4): 1406-1436.

[195] 肖志斌, 康健丽, 王惠初, 等. 内蒙古阿拉善地区阿拉善群 (狭义) 的形成时代 [J]. 地质调查与研究, 2015, 38 (3): 182-191.

[196] Dan W, Li X, Guo J, et al. Paleoproterozoic evolution of the eastern Alxa Block, westernmost North China: Evidence from in situ zircon U－Pb dating and Hf－O isotopes [J]. 2012, 21 (4): 838-864.

[197] 李俊建, 沈保丰, 李惠民, 等. 内蒙古西部巴彦乌拉山地区花岗闪长岩质片麻岩的单颗

粒锆石 U-Pb 法年龄 [J]. 地质通报, 2004, (12): 1243-1245.

[198] 张建新, 宫江华. 阿拉善地块性质和归属的再认识 [J]. 岩石学报, 2018, 34 (4): 940-962.

[199] Wu S, Hu J, Ren M, et al. Petrography and zircon U-Pb isotopic study of the Bayanwulashan Complex: Constrains on the Paleoproterozoic evolution of the Alxa Block, westernmost North China Craton [J]. Journal of Asian Earth Sciences, 2014, 94: 226-239.

[200] 包创, 陈岳龙, 李大鹏. 内蒙古巴彦乌拉山古元古代斜长角闪岩 LA-ICP-MS 锆石 U-Pb 年龄和 Hf 同位素组成 [J]. 地质通报, 2013, 32 (10): 33-44.

[201] 董春艳, 刘敦一, 李俊建, 等. 华北克拉通西部孔兹岩带形成时代新证据: 巴彦乌拉-贺兰山地区锆石 SHRIMP 定年和 Hf 同位素组成 [J]. 科学通报, 2007, 52 (16): 1913-1922.

[202] Wen Z, Tairan W U, Feng J C, et al. Time constraints for the closing of the Paleo-Asian Ocean in the Northern Alxa Region: Evidence from Wuliji granites [J]. Science China Earth Sciences, 2013, 56 (1): 153-164.

[203] Gong J, Zhang J, Wang Z, et al. Origin of the Alxa Block, western China: New evidence from zircon U-Pb geochronology and Hf isotopes of the Longshoushan Complex [J]. Gondwana Research, 2016, 36: 359-375.

[204] 宫江华, 张建新, 王宗起, 等. 阿拉善地块晚奥陶世—石炭纪的构造演化历史——来自北大山地区多期岩浆-变质-变形事件的约束 [J]. 岩石矿物学杂志, 2018, 37 (5): 771-798.

[205] Duan J, Li C, Qian Z, et al. Geochronological and geochemical constraints on the petrogenesis and tectonic significance of Paleozoic dolerite dykes in the southern margin of Alxa Block, North China Craton [J]. Journal of Asian Earth Sciences, 2015, 111 (NOV. 1): 244-253.

[206] Liu Q, Zhao G, Sun M, et al. Early Paleozoic subduction processes of the Paleo-Asian Ocean: Insights from geochronology and geochemistry of Paleozoic plutons in the Alxa Terrane [J]. Lithos, 2016, 262: 546-560.

[207] Wang Z Z, Han B F, Feng L X, et al. Geochronology, geochemistry and origins of the Paleozoic-Triassic plutons in the Langshan area, western Inner Mongolia, China [J]. Journal of Asian Earth Sciences, 2015, 97pb (jan. 1): 337-351.

[208] 郑荣国, 李锦轶, 肖文交, 等. 阿拉善地块北缘恩格尔乌苏地区发现志留纪侵入体 [J]. 地质学报, 2016, 90 (8): 1725-1736.

[209] 李俊建. 内蒙古阿拉善地块区域成矿系统 [D]. 北京: 中国地质大学, 2006.

[210] 赵俊峰, 刘池洋, MOUNTNEY Nigel, 等. 吕梁山隆升时限与演化过程研究 [J]. 中国科学: 地球科学, 2015, 45 (10): 1427-1438.

[211] 陈岳龙, 李大鹏, 王忠, 等. 鄂尔多斯盆地周缘地壳形成与演化历史: 来自锆石 U-Pb 年龄与 Hf 同位素组成的证据 [J]. 地学前缘, 2012, 19 (3): 147-166.

[212] Yang J H, Wu F Y, Shao J A, et al. Constraints on the timing of uplift of the Yanshan Fold

and Thrust Belt, North China [J]. Earth and Planetary Science Letters, 2006, 246 (3-4): 336-352.

[213] 张成弓. 鄂尔多斯盆地早古生代中央古隆起形成演化与物质聚集分布规律 [D]. 成都: 成都理工大学, 2013.

[214] 任文军, 张庆龙, 张进, 等. 鄂尔多斯盆地中央古隆起板块构造成因初步研究 [J]. 大地构造与成矿学, 1999, (2): 92-97.

[215] 解国爱, 张庆龙, 郭令智. 鄂尔多斯盆地西缘和南缘古生代前陆盆地及中央古隆起成因与油气分布 [J]. 石油学报, 2003, (2): 18-23.

[216] 黄建松, 郑聪斌, 张军. 鄂尔多斯盆地中央古隆起成因分析 [J]. 天然气工业, 2005, (4): 23-26.

[217] 邓昆, 张哨楠, 周立发, 等. 鄂尔多斯盆地古生代中央古隆起形成演化与油气勘探 [J]. 大地构造与成矿学, 2011, 35 (2): 190-197.

[218] 邓昆. 鄂尔多斯盆地中央古隆起形成演化与天然气聚集关系 [D]. 西安: 西北大学, 2008.

[219] 陈安清, 陈洪德, 侯明才, 等. 鄂尔多斯盆地中-晚三叠世事件沉积对印支运动Ⅰ幕的指示 [J]. 地质学报, 2011, 85 (10): 1681-1690.

[220] 杨华, 陶家庆, 欧阳征健. 鄂尔多斯盆地西缘构造特征及其成因机制 [J]. 西北大学学报. 2011, 41 (5): 863-868.

[221] 符俊辉, 于芬玲. 贺兰山北段呼鲁斯太石炭纪羊虎沟组的牙形刺 [J]. 古生物学报, 1998, 37 (4): 490-495.

[222] 陈巧女. 内蒙古呼鲁斯太晚石炭世和早二叠世植物群及其古生态研究 [D]. 北京: 中国地质大学, 2007.

[223] 李伍平. 内蒙古呼鲁斯太地区早元古代花岗岩体的变形组构与就位机制 [J]. 西北地质, 1994, 15 (4): 1-6.

[224] 马海军. 内蒙古呼鲁斯太矿区煤层发育特征研究 [J]. 西部资源, 2019, (2): 24-25.

[225] 张革喜. 阿拉善左旗呼鲁斯太预查区沉积环境与聚煤规律. 内蒙古煤炭经济, 2014, (2): 104-105.

[226] 李维锋, 王鑫峰. 内蒙古呼鲁斯太上石炭统太原组辫状河三角洲沉积 [J]. 河北建筑科技学院学报, 2002, 19 (4): 65-66.

[227] 瞿琳. 呼鲁斯太地区石炭系剖面特征及沉积模式 [J]. 中国石油和化工标准与质量, 2021, 41 (5): 129-131.

[228] Ainsworth B R. Marginal marine sedimentology and high resolution sequence analysis: Bearpaw-Horseshoe Canyon transition, Drumheller, Alberta. Bulletin of Canadian Petroleum Geology, 1994, 42 (1): 26-54.

[229] 赵振宇, 郭艳茹, 王艳, 等. 鄂尔多斯盆地构造演化及古地理特征研究进展 [J]. 特种油气藏, 2012, 19 (5): 18.

[230] Posamentier H W, Allen G P, James D P. Forced regressions in a sequence stratigraphic framework: Concepts, examples and exploration significance. AAPG Bulletin, 1992, 76:

1687-1709.

[231] 万国祥. 黑岱沟露天煤矿首采区东部地质构造 [J]. 露天采矿技术, 2016, 31 (5): 24-27.

[232] 代世峰, 任德贻, 李生盛, 赵蕾, 张勇. 内蒙古准格尔黑岱沟主采煤层的煤相演替特征 [J]. 中国科学 (D), 2007 (S1): 119-126.

[233] 黄晓丽, 梁官考. 内蒙古准格尔旗煤田太原组潮坪沉积体系及其聚煤特征—以窑子沟-西黑岱-三道敞包勘查区为例 [J]. 内蒙古煤炭经济, 2016, (2): 155-160.

[234] 刘田田. 新中国成立以来准格尔旗煤炭业的发展与影响 [D]. 内蒙古: 内蒙古师范大学, 2020.

[235] 王素娟. 内蒙古准格尔旗窑沟煤矿晚石炭世和早二叠世孢粉组合 [J]. 煤炭学报, 1982, (2): 36-47.

[236] 褚开智. 准格尔煤田含煤岩系沉积特征及沉积环境 [J]. 内蒙古科技与经济, 2008, (5): 13-14.

[237] 郭昌鑫, 王崇敬, 王珂. 鄂尔多斯盆地准格尔矿区太原组煤层沉积特征 [J]. 内蒙古石油化工, 2014, 40 (12): 4-5.

[238] 石松林. 内蒙古准格尔煤田晚古生代煤系富铝矿物特征及成因 [D]. 北京: 中国矿业大学, 2014.

[239] 张复新, 王立社. 内蒙古准格尔黑岱沟超大型煤型镓矿床的形成与物质来源 [J]. 中国地质, 2009, 36 (2): 417-423.

[240] 胡莹莹. 鄂尔多斯盆地二叠系重点露头剖面下石盒子组沉积相及储层特征分析 [D]. 荆州: 长江大学, 2019.

[241] 陈文敏, 傅丛, 丁华. 我国典型矿区石炭—二叠纪煤炭资源分布与煤质特征 [J]. 煤质技术, 2022, 37 (1): 14-24.

[242] 王社教, 李登华, 李建忠, 等. 鄂尔多斯盆地页岩气勘探潜力分析 [J]. 天然气工业, 2011, 31 (12): 40-46.

[243] 翟咏荷. 鄂尔多斯盆地及邻区晚古生代原型盆地恢复及演化 [D]. 北京: 中国地质大学 (北京). 2020.

[244] 邵龙义, 徐小涛, 王帅, 等. 中国含煤岩系古地理及古环境演化研究进展 [J]. 古地理学报, 2021, 23 (1): 19-38.

[245] 邵龙义, 李英娇, 张超, 等. 中国含煤岩系层序地层及聚煤规律研究 [C] //第十三届全国古地理学及沉积学学术会议论文摘要集. 2014, 156-157.

[246] Gastaldo R A, Guthrie G M, Steltenpohl M G, et al. Mississippian Fossils from Southern Appalachian Metamorphic Rocks and Their Implications for Late Paleozoic Tectonic Evolution [J]. Science, 1993, 262: 5134.

[247] J. MarceloKetzer, Michael Holz, S. Morad, et al. Sequence stratigraphic distribution of diagenetic alterations in coal-bearing, paralic sandstones: evidence from the Rio Bonito Formation (early Permian), southern Brazil [J]. Sedimentology, 2003, 50 (5).

[248] 郝黎明, 邵龙义. 基于层序地层格架的有机相研究进展 [J]. 地质科技情报, 2000,

(4)：60-64.

［249］王成善. 深时古气候与未来地球［J］. 国土资源科普与文化，2019，（1）：4-9.

［250］孙枢，王成善. "深时"（Deep Time）研究与沉积学［J］. 沉积学报，2009，27（5）：792-810.

［251］David J. Wilton, Marcus P. S. Badger, Euripides P. Kantzas, et al. A predictive algorithm for wetlands in deep time paleoclimate models［J］. Geoscientific Model Development, 2019, 12 (4)：1351-1364.

［252］Paul J. McCarthy, Anthony R. Fiorillo, Edith L. Taylor. Ancient polar ecosystems and paleoclimate in deep time：Evidence from the past, implications for the future［J］. Palaeogeography, Palaeoclimatology, Palaeoecology, 2016, 441.

［253］Laiming Zhang, Chengshan Wang, Xianghui Li, et al. A new paleoclimate classification for deep time［J］. Palaeogeography, Palaeoclimatology, Palaeoecology, 2016, 443.

［254］王成善，林畅松. 中国沉积学近十年来的发展现状与趋势［J］. 矿物岩石地球化学通报，2021，40（6）：1217-1229.

［255］周进松，赵谦平，银晓，等. 鄂尔多斯盆地东南部石炭系本溪组储层沉积特征及天然气勘探方向［J］. 天然气勘探与开发，2012，35（2）：13-16.

［256］赵振宇，孙远实，李程善，等. 鄂尔多斯盆地奥陶系地层划分与对比研究［J］. 特种油气藏，2015，22（5）：9-17.

［257］胡朝元，钱凯，王秀芹，等. 鄂尔多斯盆地上古生界多藏大气田形成的关键因素及气藏性质的嬗变［J］. 石油学报，2010，31（6）：879-884.

［258］刘志武，韩代成，周立发. 鄂尔多斯盆地东南部古生界天然气勘探前景［J］. 煤田地质与勘探，2008，（5）：24-30.

［259］李亚龙，于兴河，苏东旭，等. 鄂尔多斯盆地东南部本溪组障壁岛沉积特征及对天然气富集的控制作用［C］//第十四届全国古地理学及沉积学学术会议论文摘要集. 2016，185-186.

［260］鲁静，邵龙义，李文灿，等. 层序格架内障壁海岸沉积体系古地理背景下聚煤作用［J］. 煤炭学报，2012，37（1）：78-85.

［261］陈全红，李可永，张道锋，等. 鄂尔多斯盆地本溪组-太原组扇三角洲沉积与油气聚集的关系［J］. 中国地质，2010，37（2）：421-429.

［262］杨华，付金华，魏新善. 鄂尔多斯盆地天然气成藏特征［J］. 天然气工业，2005，（4）：5-8.

［263］李文厚，张倩，李克永，等. 鄂尔多斯盆地及周缘地区晚古生代沉积演化［J］. 古地理学报，2021，23（1）：39-52.

［264］刘新昕. 鄂尔多斯盆地东部石炭系本溪组沉积环境研究［D］. 成都：成都理工大学，2019.

［265］金立璨. 鄂尔多斯盆地东缘二叠系下石盒子组沉积体系分析［D］. 荆州：长江大学，2017.

［266］张倩，李文厚，刘文汇，等. 鄂尔多斯盆地侏罗纪沉积体系及古地理演化［J］. 地质科

学, 2021, 56 (4): 1106-1119.

[267] 陈世悦. 华北石炭二叠纪海平面变化对聚煤作用的控制 [J]. 煤田地质与勘探, 2000, (5): 8-11.

[268] Anqing Chen, Hao Zou, James G. O, et al. Source-to-sink of Late carboniferous Ordos Basin: Constraints on crustal accretion margins converting to orogenic belts bounding the North China Block [J]. Geoscience Frontiers, 2020, 11 (6): 2031-2052.

[269] 李红磊, 张敏. 内蒙古乌达地区上古生界不同沉积环境煤系烃源岩分子地球化学特征及意义 [J]. 科学技术与工程, 2015, 15 (11): 9-13.

[270] 王子腾, 王康乐, 王峰, 等. 鄂尔多斯盆地西缘羊虎沟组物源区分析 [J]. 地球科学与环境学报, 2019, 41 (3): 281-296.

[271] 白斌, 杨文敬, 周立发, 等. 鄂尔多斯盆地西缘山西组沉积物源及源区大地构造属性分析 [J]. 煤田地质与勘探, 2007, 35 (4): 8-11.

[272] 梁飞, 黄文辉, 牛君. 鄂尔多斯盆地西南缘二叠系山西组山 1 段-下石盒子组盒 8 段物源分析 [J]. 沉积学报, 2018, 36 (1): 142-153.

[273] 张进, 李锦轶, 刘建峰, 等. 早古生代阿拉善地块与华北地块之间的关系: 来自阿拉善东缘中奥陶统碎屑锆石的信息 [J]. 岩石学报, 2012, 28 (9): 2912-2934.

[274] 罗顺社, 潘志远, 吕奇奇, 等. 鄂尔多斯盆地西南部上古生界碎屑锆石 U-Pb 年龄及其构造意义 [J]. 中国地质, 2017, 44 (3): 556-574.

[275] 陈全红. 鄂尔多斯盆地上古生界沉积体系及油气富集规律研究 [D]. 西安: 西北大学, 2007.

[276] 范正平, 候云东, 石晓英. 鄂尔多斯盆地晚古生代沉积相研究 [M]. 北京: 石油工业出版社, 2001.